やさしい統計入門

視聴率調査から多変量解析まで

田栗正章　藤越康祝　
柳井晴夫　C・R・ラオ　著

ブルーバックス

●カバー装幀／芦澤泰偉・児崎雅淑
●カバーイラスト／井沢洋二
●扉・目次デザイン／中山康子
●本文図版／さくら工芸社

はじめに

　今では，統計学はデータから有用な情報を取り出す学問として，自然・社会・人文のあらゆる分野に浸透している。テレビ番組の視聴率や内閣支持率の世論調査結果などがマスコミをにぎわせ，天気予報の「明日雨が降る確率は30％」といった表現なども定着してきている。そして，これらが，統計的方法に基づくものであることも知られるようになってきた。

　しかし，統計については便利な道具と思っている人もいれば，懐疑的に見ている人もいるだろう。また，統計の社会や学術分野における役割についても，必ずしも十分に理解されているわけではなく，誤解が多いのもまた事実である。統計の誤解については，1960年代にダレル・ハフが書いた『統計でウソをつく法』（高木秀玄訳・講談社ブルーバックスB120）があり，今日まで版を重ねている。

　古くから，不確実な状況のもとで，予測や判断などの意思決定は行われてきた。しかし，データに不確実な要因が含まれている以上，それから導かれる結論には不確実性が伴う。そのため，19世紀以前においては，こうした意思決定の方法は科学的方法として認知されるまでには至らなかった。

　データから科学的に推測が行えるようになったのは，20世紀の初めになってからであり，"導かれる結論に含まれる不確実性の度合いを明らかにする"ことができるようになったからである。その結果，誤った決定の割合，あるいは，リスクを最小にするような決定を行うことができるようになり，今日利用されている統計的方法の基礎が築かれた。

　本書では，20世紀に開発された主な統計的方法の考え方や原理を，日常生活で出会う問題に適用し，その解決の方法を例示

しながら解説することを目的としている。また，この過程で，統計学についての正しい理解が得られるように努めている。

取り扱う統計的方法は，基礎からかなりの程度のものまで多岐にわたっているが，高校までの数学の知識があれば読めるよう，できるだけわかりやすく説明している。

したがって，統計と何らかの関わりのある人や統計業務に携わっている人はもちろんのこと，学生やこれまで統計に関心をもっていなかった人にも使えるよう配慮している。

本書は，29の話題を6つの章に分けた構成になっているが，さらに4つの発展的な話題が付け加えられている。まず，第Ⅰ章と第Ⅱ章では，データを分析するために必要となる基本的な考え方や手法を説明している。特に，第1話においては，統計学の体系や考え方について説明している。本書を読み進む際，必要に応じてこの第1話を参照することによって，より一層理解が深められるだろう。

統計学では，「不確実性の度合い」を確率を用いて数値で表したり，データの発生メカニズムを，確率モデルなどを用いて理解する。これらは第Ⅲ章で説明される。第Ⅳ章では，「統計的推測法」を取り上げる。ここでは，推定や検定の考え方と，結論に含まれる不確実性の度合いが明らかにされる。

統計分析では，1つの変数だけではなく，現象に関連するいくつかの変数を〝同時に〟分析することによって，個々の変数だけの分析ではわからない新たな情報が得られる。このような分析法は「多変量解析法」とよばれているが，そのいくつかの方法と事例解析が第Ⅴ章で示されている。

第Ⅵ章では，統計学の過去・現在を概観し，未来についての展望を与えている。また，統計学と数学の違いを通して，〝統計学とは何か〟を考えている。さらに，21世紀の情報化社会に

はじめに

おいては、新たなタイプのデータからの情報抽出法として、統計学の飛躍的な発展が期待されているが、それらについても触れている。

本書を著すきっかけは、藤越と柳井が2004年12月末にインドのハイデラバードで開催された国際会議でC.R.ラオに会ったときに始まる。その際、統計の考え方や本質をできるだけやさしく、また、順序立てて書けないものかを話し合った。帰国後、田栗の賛同を得て、直ちにチャレンジすることになった。

著者の一人であるC.R.ラオとは、本書の構想や概要の段階で、何度も意見交換を行った。また、統計の考え方の説明については、『統計学とは何か』（ラオ著　藤越・柳井・田栗訳　丸善）から直接引用した部分も少なくない。本書は、田栗・藤越・柳井による共同執筆であるが、このような経緯により、ラオも共著者となっている。

出版までに2年余りを要したが、奇しくも、日本統計学会創立75周年という記念の時期に本書を上梓することとなった。本書により、統計に対しての関心が高まり、統計の考え方の理解に少しでも役立てば、望外の幸せである。

本書を書くにあたって、田中豊岡山大学名誉教授、月岡英人大学入試センター副所長等、多くの方々のお世話になった。特に、ブルーバックス出版部の堀越俊一部長には、本書の構想、草稿に対して数多くの貴重なコメントをいただいた。また、同出版部中谷淳史氏からも有益なコメントをいただいた。ここに記して御礼を述べたい。

　　　　2007年5月　田栗・藤越・柳井・ラオ（五十音順）

目　次

はじめに 5

第Ⅰ章　統計学＝データの科学とは何か 11
── 統計学の体系・データの見方 ──

第1話　視聴率,統計を使って考え直してみよう！ 12

第2話　日本の小学5年生,円グラフも理解できない!? 20

第Ⅱ章　データに語らせる 29
── 記述統計学・データ解析の話 ──

第3話　我が家の金融資産,平均よりずっと少ない!?
　　　（平均値・中央値） 30

第4話　政治家の好き嫌い,歴史上より現代のほうがバラツク!
　　　（標準偏差） 38

第5話　偏差値問題,偏差値150って本当？
　　　（偏差値） 47

第6話　政治家の好き嫌い,歴史上の人と現代の人の関連は？
　　　（相関係数） 54

第7話　データの尋問,見えなかったものが見えてくる！
　　　（シンプソンのパラドックス） 66

第Ⅲ章　チャンスをはかる 73
── 確率・確率分布の話 ──

第8話　同一番号の宝くじ,7年間で2度も1等になった！
　　　（確率） 74

第9話	でたらめな数の集まり,一体何の役に立つ？ （乱数）　*82*
第10話	ガン検診で要精検,でも落ち込まなくてもいい!? （ベイズの定理）　*91*
第11話	試験ですべてランダムに解答,何点とれる？ （2項分布）　*97*
第12話	交通事故問題,馬に蹴られて死んだ兵士数と同じ！ （ポアソン分布）　*106*
第13話	医学部学士入学試験,何点とれば入れる？ （正規分布）　*112*
第14話	スーパーでの買い物,レジで概算してみよう！ （中心極限定理）　*125*

第Ⅳ章 統計的推測はどこまで可能か　*133*
―― 推定・検定の考え方 ――

第15話	麻薬経験者の割合,どうやって調査する？ （ランダム回答法）　*134*
第16話	野生動物の総数,どうやって推定する？ （最尤法）　*139*
第17話	平均寿命や得票数,幅を持たせて考えよう！ （区間推定）　*146*
第18話	カード当て実験,100回中65回当てたら超能力者？ （仮説検定）　*156*
第19話	新薬の有効性,どうしたら判る？ （平均の検定）　*167*
第20話	メンデルのデータ,実は捏造されていた！ （適合度検定）　*176*
第21話	サリドマイド服用,奇形発症との関連は？ （独立性検定）　*185*

第Ⅴ章 多変量の情報をうまく活かす 193
―― 多変量解析の考え方 ――

第22話 背の低い父親からは,背の高い息子が生まれる!?
(相関・回帰) 194

第23話 二塁打は打点,単打は得点に貢献する!
(重回帰分析) 202

第24話 英語,それは文系教科?
(主成分分析・因子分析) 213

第25話 いずれアヤメか,カキツバタ?
(判別分析) 226

第26話 DNA,ヒトの祖先を推定できる!
(クラスター分析) 236

第Ⅵ章 統計学の広がり 245
―― 統計学の過去・現在・未来 ――

第27話 現代の統計,どのようにして始まった? 246

第28話 統計学と数学,どう違う? 252

第29話 統計,その応用分野と未来は? 259

付章 発展的な話題 266

発展1 ボール投げ入れ実験,確率が簡単に計算できる! 266

発展2 ペテルスブルクのパラドックス 269

発展3 男の集まり,姉妹より兄弟のほうが多い!? 272

発展4 直線モデルか,それとも曲線モデルか? 276

参考文献 281
さくいん 283

第I章
統計学＝データの科学とは何か
―― 統計学の体系・データの見方 ――

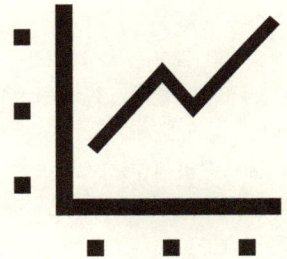

第1話 視聴率，統計を使って考え直してみよう！

視聴率は社運をかけた大問題⁉

 日曜夕方にあるお笑い番組『笑点』の視聴率は24.5%と聞かされて，「へえ，そんなにたくさんの人たちが見ているのか」と思う人は多いだろう。このような場合には，「視聴率」は単なる好奇心の対象で，その値が真の値と多少ズレていても，罪は少ない。

 しかし番組の制作者やスポンサーにとっては，「視聴率」は深刻な問題である。今は昔の話になってしまったが，「紅白歌合戦の視聴率が50%を割ったら，関係者が辞任する」などと噂された時代もあった。この場合，もし視聴率が50.1%であったとすれば，もちろん関係者はホッとするだろう。では49.9%だったとすれば，どうだろうか？

 常識的には「確かに50%は割ったが，たった0.1%なのでまあ仕方ない」となるだろう。しかし視聴率が45%だった場合には，情状酌量の余地はないと判断されてしまうかもしれない。このように，テレビ局で番組制作に携わっている人たちにとっては，「視聴率」は人生をも左右しかねない大問題となる可能性もある。

 実際，テレビ局・スポンサーは視聴率至上主義に陥らざるを得ず，視聴率三冠王（19時～22時のゴールデンタイム，19時～23時のプライムタイム，6時～24時の全日という3つの時間帯のすべてにおいて視聴率がトップのテレビ局のこと）や番組視聴率の0.1%増を目指して，日夜涙ぐましいまでの努力を続け

ていると聞く。このため時として視聴率操作や捏造，やらせ等が行われ，社会問題化している。

視聴率はどのくらい信用できる？

だが，「視聴率45％」の意味を，少し冷静に考えてみよう。視聴率調査は，ビデオリサーチ社が，関東地区・名古屋地区・関西地区等で200～600世帯程度を対象に調査を行っている。例えば関東地区の場合は600世帯に対して調査が行われており，もしこのうちの270世帯が紅白歌合戦を見ていたとしたら，「視聴率45％」（＝270/600）といわれることになる。

しかし関東地区の一都六県（総世帯数は約1700万世帯）に限ってみても，大晦日の夜にテレビを見ている世帯は少なくとも数百万世帯はあると思われる。したがってたった600世帯だけを調べて，そのなかで「紅白」を見ていた世帯の割合が45％だったからといって，数百万世帯のうち「紅白」を見ていた人の割合（「真の視聴率」という）が45％であるとの保証はない。

極端な場合を考えれば，もし調査対象とならなかった世帯全部が「紅白」を見ていたとしたら，真の視聴率はほぼ100％となる。反対に調査対象とならなかった世帯全部が「紅白」を見ていなかったとしたら，真の視聴率はほぼ０％となってしまう。こんな極端なことはまず起こりそうにはないが，600世帯の調査結果と真の視聴率との差が大きく，例えば５％以上食い違う場合もめったには起こらないのだろうか？

このように考えると，数百万世帯のうちのたった600世帯だけを調べることに，どれほどの意味があるのか疑わしくなる。

統計を使って考えてみよう！

そこでこの問題を，統計の知識を用いて考えてみよう。いま

第1話

　関東地区に話を限定し，大晦日の夜にテレビを見ていた数百万世帯のうち，「紅白」を見ていた世帯の割合である「真の視聴率」を p と書く。また調査の対象となった600世帯のうち「紅白」を見ていた世帯の割合（「標本割合」という）を $\hat{p}$（p ハットと読む）と書く。上の例では，$\hat{p}=0.45$ である。

　このとき，真の視聴率 p を知りたいとすれば，得られている情報は標本割合（$\hat{p}=0.45$）だけであるので，とりあえずは真の視聴率は45％（$p=0.45$）と考えるのは自然であろう。しかし誰も，真の視聴率が45％ピッタリとは考えないだろう。実際，統計の理論によれば，このようなことはほとんど起こらないことを示すことができる。逆にいえば，「標本割合が45％だったので，真の視聴率も45％である」との主張は，ほぼ確実に誤りということになってしまう。それでは視聴率調査を行うことにはまったく意味がないのだろうか？

　われわれが「真の視聴率は45％（$p=0.45$）」と主張する場合には，その意味するところは「真の視聴率はほぼ45％程度（$p\approx 0.45$）」との気持ちであろう。これを数式を用いてもう少し正確に表現すれば，「真の視聴率 p は

　　$0.45-d<p<0.45+d$

の範囲内にある」となる。ここで d は，45％の前後につけるある幅である。

　ではこのように表現すれば，この記述はいつも正しいのだろうか。もちろん $d=0.45$ などとすれば，上の記述は $0.00<p<0.90$ となり，これはほぼ確実に正しいだろう。しかしこれではわざわざ標本を抽出して調査を行う価値はない。せっかく苦労して調査を行ったのだから，その情報（$\hat{p}=0.45$）を有効に利用して，できるだけ小さな d の値をとり，精度のよい推定をしたいと考えるのは当然だろう。

しかし d を小さくすればするほど，$0.45-d<p<0.45+d$ という主張が誤りである可能性は大きくなってしまう。これは，「われわれは関東地区の全世帯を調べたわけではなく，そのごく一部である600世帯から得られた情報のみに基づいて，全世帯についての知見（真の視聴率）を得ようとするのだから，確実に正しい主張をすることはできない」ことの現れであると考えられよう。

このような状況のもとでは，「相当程度に確からしいことが保証できるような主張を行う」ことで満足せざるをえない。そこで統計学では，$0.45-d<p<0.45+d$ という主張がかなり確実に成り立つように d の値を定めようと考えるのである。

例えば数百万世帯から600世帯を抽出して視聴率を調べる実験を何回も行ったとした場合，100回中95回は真の視聴率 p がその範囲に入るように d の値を定めることで満足しようというわけである。このように，知りたい未知の数値 p がほぼ確実に入るような範囲（区間）を定めることによって推定を行う方法は，「区間推定法」とよばれている。

ここで残された問題は，d の値をどのように決めればよいかということである。詳しくは第17話で説明するが，一般に n 世帯を抽出して視聴率調査を行った場合には，標本割合 $\hat{p}$ と真の視聴率 p との差は，100回中95回はほぼ
$$2\sqrt{\hat{p}(1-\hat{p})/n}$$
以内にあることが示せる。

いま取り上げている例では，$n=600$，$\hat{p}=0.45$ であるから，誤差は約 4 ％（$=2\sqrt{0.45(1-0.45)/600}$）となる。すなわち600世帯における視聴率が45％の場合には，真の視聴率は41％～49％の間にあることが，かなり確実に（95％の確からしさで）言えることになる。したがって関東地区における真の視聴率が49

％程度である可能性も残されており，関係者が辞任しなければならないか否かは微妙な問題となろう。

また，視聴率が15〜20％程度の番組については，600世帯の調査に基づいて得られた視聴率（標本割合）には，3％程度（$\approx 2\sqrt{0.2(1-0.2)/600}$）の誤差が含まれていることになる。したがって視聴率の1〜2％の増減に一喜一憂するのはあまり意味がないことも分かる。

視聴率調査の手順

ここまで視聴率調査の問題について考えてきたが，これは統計学で扱う多くの問題の典型的な例になっている。そこで，統計学では一般にどのようにして知見を得るのかを説明しよう。図1-1は，視聴率調査を行って真の視聴率を調べる場合の手順を模式化したものである。

まず調査を行う時点で，関東地区でテレビを見ていた世帯の

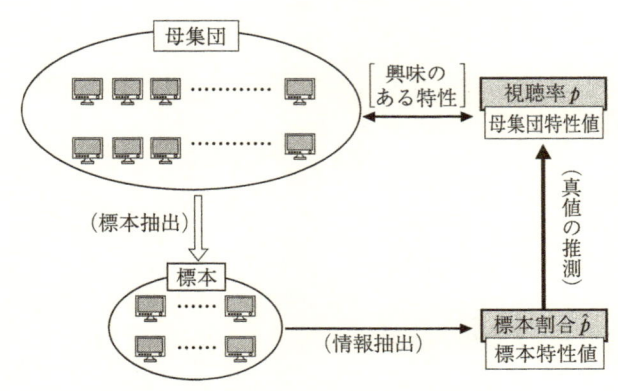

図1-1 統計学の体系——視聴率調査を例として

集まりを考える。われわれが知りたいのは、その集まりのなかで、例えば「紅白歌合戦」のようなある番組を見ていた世帯の割合（真の視聴率 p）である。

関東地区の1700万世帯すべてを調べることは不可能であるから、われわれはその一部である、例えば600世帯を抽出して調査を行う。そしてそのなかで注目している番組を見ていた世帯の割合（標本割合 $\hat{p}$）を調べる。次にこの値 $\hat{p}$ に基づいて、知りたい真の視聴率 p についての推測を行う。

これが視聴率調査の場合の手順であるが、一般化すると、次のようになる。

統計学の体系

まず興味の対象とする人とか物とかの集まり（例えば関東地区の世帯）を考え、これを「母集団」とよぶ。われわれが知りたいのは、母集団と関係するある数値（例えば真の視聴率）であり、これを「母集団特性値」とよぶ。この数値は母集団すべてを調べれば分かるが、それをするには時間も経費もかかるので、国勢調査のような特殊な場合を除けば、通常、全数調査は行わない。

しかし母集団についての情報が何もなければ、勘でものを言うしかなく、興味のある母集団特性値についての科学的な分析は不可能である。そこで母集団を代表すると考えられる一部分を抽出し、調査や実験を行うことを考える。この取り出された一部分（人や物の集まり）を「標本」とよぶ。また母集団から標本を抽出することを「標本抽出」または「サンプリング」という。

標本それ自体はたんなる人とか物とかの集まりであるから、それを眺めているだけでは知りたいことに関する情報は何も得

られない。そこで，標本に対して行った調査や実験の結果を，数値（例えば $\hat{p}$）にまとめあげることにより，標本からの「情報抽出」を行う。この結果得られた数値を「標本特性値」とよぶ。

ここで，知りたい母集団特性値に応じて，その推測に役に立つような標本特性値にまとめあげる必要があることに注意しなければならない。

例えば真の視聴率 p が知りたい場合に，ある世帯がテレビを見ていたか否かを知っても p に対する情報は得られない。この場合には注目している番組を見ていたか否かを調査して，標本の中でその番組を見ていた世帯の割合 $\hat{p}$ を求めることが必要である。

次のステップは，標本特性値（例えば $\hat{p}$）を用いて母集団特性値（例えば p）に対する知見を得ることである。このためには統計学の理論を活用する必要があるが，それらについては第17話などで説明する。

ここで重要なことは，「われわれは母集団すべてを調べたわけではなく，その一部のみを調べた結果に基づいて，母集団全体に関わる数値に対して推測を行おうとするのだから，百パーセント確実に断言することは不可能であり，相当程度に確からしいことが保証できるような主張を行うことで満足せざるをえない」という点である。

例えば視聴率調査の例では，100回中95回は p を含むような範囲を求めることで満足しなければならなかったことを思い出してもらいたい。

統計的考え方の特徴

以上が多くの統計的問題を解決する際の典型的な考え方・手

順であり，統計学の体系は図1-1のように図式化できると考えられる。

これから分かるように，統計学では不確実性を伴うデータ（標本）に基づいて，帰納的に推論を行うことにより，母集団に関する知見を得ようとする。すなわち，手元に得られた1組のデータ（個々の具体的事実）に基づいて，興味のある母集団の特性値に関わる情報（一般的な命題）を抽出しようとする。したがって百パーセント正しい情報を導き出すというわけにはいかず，誤りを避けることはできない。

しかし，どの程度の割合で誤りが起こるのか，すなわち不確実性の度合いについての知識を導入することにより，真に有用な知見が得られるのであり，これこそが統計学の神髄である。

第2話

第2話 日本の小学5年生,円グラフも理解できない!?

世界の学力調査

次代を担う子供たちが,健全に育ってほしいとは皆が願っているだろう。そして,過度な受験競争は別として,ある程度までの学力を備えてほしいと考える人は多いだろう。このため,世界各国で子供たちの学力について,各種の調査が行われている。

世界的に有名な学力調査としては,2000年および2003年に行われたOECD生徒の学習到達度調査(PISA;対象は15歳生徒で,2003年は41の国と地域の生徒が参加)や,1964年から継続的に実施されている国際数学・理科教育動向調査(TIMSS;対象は小学4年生と中学2年生で,2003年は46の国と地域の生徒が参加)などがある。

日本でもこれらの調査に参加しているが(2003年PISAには約4700人,2003年TIMSSには小学生4535人・中学生4856人が参加),これ以外に,わが国独自でも文部科学省が大規模な学力調査を行っている。

小学校5年生のテスト結果

ここで,2001年度に国立教育政策研究所が行った調査結果の一部を見てみることにしよう(参考文献3参照)。この調査は小学校5・6年生を対象とした国語・社会・算数・理科についての調査,および中学校1～3年生を対象とした国語・社会・数学・理科・英語についての調査である。各教科とも1学年あ

第1章 統計学＝データの科学とは何か

たりほぼ同程度の内容・水準を持つ3種類の問題冊子を用意し，1教科1問題あたり約1万6000人の児童生徒を対象としている。調査実施学校数および児童生徒数は，小学校3532校約20万8000人および中学校2539校約24万3000人であった。

上記の調査の小学校5年生の社会に，図2-1のような問題

のぼる君たちは，わが国の自動車工業のようすやくふうを調べています。あとの問題に答えなさい。

(1) 資料を見て話し合っている二人のそれぞれの発言の(ア)と(イ)にあてはまる数字を ◯ の中に書きなさい。

①わが国の自動車の生産台数のうつりかわり

②わが国の自動車のおもな輸出先

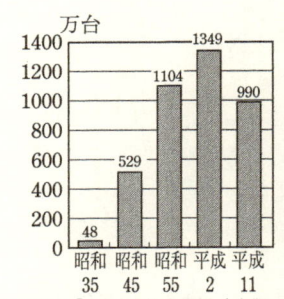
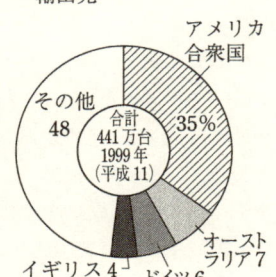

のぼる：「わが国の平成11年の自動車の生産台数は，昭和45年と比べて，およそ（ア）倍になっているよ。」

ゆ　み：「わが国が輸出している自動車の台数は，アメリカをはじめ上位3か国で，全体のおよそ（イ）％をしめているわね。」

(ア) ◯　　(イ) ◯

図2-1　小学校5年生の社会の学力調査問題

第2話

があった。

（ア）で正答または準正答とされたのは1.9，2または1.8であり，（イ）の正答は48または50である。（ア）の問題は1993～94年度に同種の調査を行ったときと同一の問題であり，前回の通過率（正答と準正答の割合の合計）は66.2％，今回の通過率は62.2％で，4.0ポイント通過率が下がっている。また無回答の割合は2.8％から5.6％へと増加している。（イ）の問題は前回は課されていなかったが，今回の通過率は44.7％であった。

学力低下は進行しているのか？

この調査では，各問題について「設定通過率」が設定されている。これは「学習指導要領に示された内容について，標準的な時間をかけ，学習指導要領作成時に想定された学習活動が行われた場合，個々の問題ごとに通過率がどの程度になると考えられるかを示した数値」である。

上記の問題の設定通過率は，（ア），（イ）ともに70％であった。（ア）の通過率62.2％は，設定通過率70％をかなり下回っており，また前回調査時よりも4.0ポイント下がっているので，1993～2001年の間にこの種の問題に関わる学力が低下したのではないかとの危惧が持たれる。

（イ）について見ると，その通過率44.7％は，設定通過率70％を大きく下回っている。この問題は，円グラフの見方を問うもので，2つの解き方が考えられる。1つは上位3ヵ国の占める割合が全体のおよそ半分を占めていることから，「おおよそ50％」との解答を得る方法であり，もう1つは円グラフ中に示された上位3ヵ国の数値を足し算して「48％」との解答を得る方法である。

いずれにしても小学校5年生にとっては簡単な問題と考えら

れ，設定通過率を70％としたのは，常識的に納得できる値であろう。むしろもっと高めに設定してもよいと思う人もいるかもしれない。

しかし現実の調査結果は，その通過率はわずか44.7％であり，"小学校5年生になっても，円グラフさえまともに読めないのではないか"とショックを受ける人は多いだろう。そして，この数値と（ア）の結果を考え合わせ，小学生の学力低下はかなり進行しているのではないかと結論づける人も少なくないであろう。

調査結果の見方に注意しよう！

しかし，割り算の知識が必要となる（ア）の問題の通過率62.2％と比較して，単なる円グラフの読み取り問題である（イ）の通過率が44.7％というのは，かなり不思議な感じもする。そこでこの原因を確かめるために，（イ）の調査結果を少し詳しく見てみることにしよう。

このような場合，正答に到らなかった児童は，どのような誤りを犯しているのかを調べてみることは重要である。そこで，ランダムに選んだ200名の児童の解答を集計したところ，次の表2-1のようになったと報告されている（参考文献3参照）。

ここで，どうしてこのような誤りを犯したのかを考えてみよう。

問題文の"ゆみ"の発言は，「……アメリカをはじめ上位3か国で，……」となっている。"52"と誤答した児童は，「アメリカをはじめ」という意味を誤解し，アメリカを入れない次の上位3ヵ国とアメリカを合計してしまったようである。"35"と誤答した児童は，アメリカだけを取り上げたようであるが，これはうっかりミスなのか，「……をはじめ」の意味が分から

第2話

解 答	解答を導き出したと考えられる方法	解答人数(%)
50	(正答；グラフの約半分)	44(22.0%)
48	(正答；3つの数値の足し算)	29(14.5%)
52	アメリカ合衆国(35%)+オーストラリア(7%)+ドイツ(6%)+イギリス(4%)	32(16.0%)
35	アメリカ合衆国(35%)	28(14.0%)
17	オーストラリア(7%)+ドイツ(6%)+イギリス(4%)	9(4.5%)
②または2	資料②の資料番号？	19(9.5%)
①または1	資料①の資料番号？	5(2.5%)
その他		22(11.0%)
無解答		12(6.0%)

表2-1 (イ)の問題に対する200人の児童の解答

なかったのかのどちらかであろう。"17"と誤答した児童は、「アメリカをはじめ」の意味をアメリカを除いてと考えたのであろう。

このように、誤答した児童は円グラフの数字の意味するところや数字の足し算は理解していたのだが、「……をはじめ」という文章表現の意味を取り違えてしまったのであろう。したがって、通過率が低かったのは、円グラフの読み取りの問題ではなく、国語力の問題と考えるべきであろう。

もし、これらの誤答をした児童たち全員が「アメリカをはじめ」の意味を正しく理解していたとしたら、上の表から71％の児童が正答していたことになり、設定通過率と同程度になる。

このように、たんに正答率（通過率）だけを見て判断すると、重要な情報を見逃してしまう可能性がある。このような場合には、むしろ誤答の中にこそ有益な情報が含まれているのである。

すなわち調査結果の解釈においては、表面に現れた数値にしか注目しないと、本質的に重要な情報を見落としてしまう可能

性がある。上の例のように，部分的にでもよいから調査票にまで立ち戻り，一つ一つの解答を見てみることは非常に大切なのである。

同種の姿勢は，調査結果の解釈以外でも，データ解析を行う際などにも必要なものである。次項ではデータ解析における例を考えてみる。

データとの十分な対話を！

統計家はしばしば他人が収集したデータの分析を要請されることがある。データの収集には時として巨大な経費がかけられることもあるが，データの収集目的が明確にされていない場合も多い。このような場合，統計家が最初に行うべきことは，データ収集の対象となった母集団，用いられた標本調査の手法，調査の目的等について，データを収集した実務家に質問することである。

ところが，実務家は往々にして早く結果を知りたいため，「適切な統計的手法の選択のために，依頼されたデータの性質や調査目的をぜひ知りたい」という統計家の要望を理解することができないことがある。しかし，他人のデータをそのまま受け入れて統計的分析にかけ，得られた最終結果がたとえ依頼者を満足させたとしても，それは統計家にとって許される行為ではない。

実務家との対話を終えた後，統計家はさらに重大な問題に直面する。統計家は手渡された山のようなデータを抱えて当惑する。これらのデータは実務家によって選択されたある特定の調査計画に基づいて生成され，誤りなく記録されたものとみなされているが，本当にそうなのだろうか？　統計家は与えられたデータのみによってこの点を明らかにすることができるだろう

か？　統計家はデータといかに対話をしたらよいだろうか？

　統計家とデータとの対話，すなわちデータの精査は基本的なものであり，またわくわくする局面でもある。この対話のために都合のよい手法はいまだに開発されていない。データにいかに語らせるかは，統計家の腕にかかっていると言っても過言ではない。

　統計家は，与えられたデータの中に，他の値に比べて非常に大きな値，非常に小さな値を示すような疑わしいデータや，チェックを行わずにただたんに記録されただけのデータを発見することがある。このような場合，原データに立ち戻って見直しを行うことにより，疑わしいデータや誤りの問題を解決できる場合もある。また，ある種の統計的手法が役に立つこともある。しかし，この種の問題に対して，一般的に有効な処方箋は存在しない。

抜けている数

　ここで1つの例を挙げよう。ある統計家が，分割される前のインドのベンガル州における，いくつかのカーストと種族についての人類学的測定値を分析するよう依頼された。測定された10個の特性のうちの1つに，個人の体重があった。一連の体重の測定値は，7.6, 6.5, 8.1, …であった。ここで測定値の単位はストーン（人の体重を表すのに用いられる単位で，1ストーンは14ポンド=6.35kg）であったため，編集担当者はこれに14を掛けることにより，ストーン単位からポンド単位に換算した。これにより，数字はポンド単位で7.6×14=106.4, 6.5×14=91.0, 8.1×14=113.4, …等と表されていた。

　統計家は編集された値のかわりに，原データを見てみることを思いついた。統計家が原データを一覧したところ，体重の観

測値の小数点以下第1位の桁に、7，8，9といった数字が完全に抜けているというデータの特異性に気づいた。統計家は何かがあるに違いないと考えたが、記録されているデータには誤りがなく、変換されたデータももっともらしく見えた。

しかし測定に使用された体重計にまで戻って調査を行ったところ、イギリスで購入されたこの体重計の表示板にはストーン単位で目盛りがつけられていたが、それぞれの目盛りの間は6つの印によって7つに分割されているものであることが判明した。体重の測定を担当した実務家は、まずストーンの値を記録し、続いて小数点以下第1位に針が示した分割点の数字（0～6）を記録していたのである。

すなわち、例えば7.6ストーンという一見10進法のように思える表示は、実は$7\frac{6}{7}$ストーンを意味していたのである。したがって、これをポンド単位で表現すると、先に示した106.4は誤りで、正しくは$7 \times 14 + (6/7) \times 14 = 110$（ポンド）となる。こうして数ポンドのベンガル人の平均体重の損失は、統計家の機転によって回避されたことになる。

統計家は、想像性を発揮しながら、隠れた神秘性の解明につながる僅かなヒントや手掛かりを絶えず追い求める探偵でなければならないのである。

第Ⅱ章
データに語らせる
―― 記述統計学・データ解析の話 ――

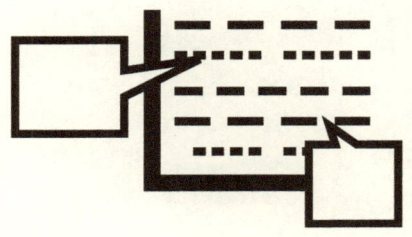

第3話 我が家の金融資産，平均よりずっと少ない⁉（平均値・中央値）

家計の金融資産調査

日本銀行のマネー情報（参考文献2参照）によれば，平成17年の『家計の金融資産に関する世論調査』の結果では，一世帯あたりの金融資産の保有額の平均値は1085万円とのことである。

これを聞いて，「わが家の金融資産は少ないなあ！　みんなたくさん持っているんだなあ」と思う人は少なくないであろう。いっぽう，ついつい「この数字は本当だろうか？」とも思ってしまう。そこでもう少し詳しく調査結果を見てみよう。

この調査では，金融資産保有額について回答を得た世帯は，2612世帯であった。もちろん一つ一つのデータは公開されていないが，資産額をいくつかの範囲（階級）に分けて，その範囲に属する世帯数（度数）をグラフで表すと，図3-1のようになる。このグラフの横軸は，資産額の少ない部分では100万円きざみ，中くらいの部分では500万円きざみ，多い部分では1000万円きざみになっているが，これは各階級の度数があまり大きく違わないようにするための工夫である。

平均値・中央値・最頻値

このグラフ（度数分布）を見ると，約3割の世帯が金融資産0であることがわかる。また全世帯数は2612であるが，下の階級から度数を順に足し算することにより，全体のほぼ半分の1292世帯（＝776＋108＋144＋135＋129）が400万円未満である

第II章 データに語らせる

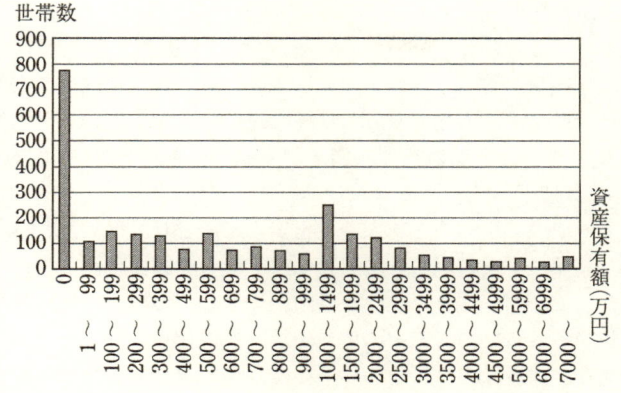

図3-1　平成17年の金融資産保有額の度数分布

ことも分かる。したがって,「およそ半数の世帯は400万円以上の金融資産をもっているが,残りの半数はそれ未満である」といえる。これならば,実感に近いと思う人は多いだろう。

統計学では,全データを値の小さいものから順番に並べたとき,ちょうど真ん中にくるデータの値のことを「中央値」という。言いかえれば中央値とは,その値以下のものが半数以上あり,かつその値以上のものも半数以上あるような値のことを言う。

この金融資産保有額のデータの場合には,2612÷2＝1306であるから,小さい方から1306番目と1307番目のデータの値の平均を中央値とよぶ。400万円未満の世帯数は1292であり,400万円以上500万円未満の世帯数が71であるから,この場合には中央値は400万円以上500万円未満の階級のどこか（おそらくは400万円に極めて近いところ）にあることが分かる。詳しい調査結果によれば,この場合の中央値はちょうど400万円である

ことが報告されている。

このように，全データの"平均的な"大きさを表す尺度には，何種類かが考えられる。最もよく用いられる尺度は，全データの和をデータ数で割った「平均値」である。これを平均的な大きさを表す他の尺度（例えば中央値）と区別する場合には，「算術平均値」とよぶこともある。

その他の"平均的な"大きさを表す尺度としては，「中央値」や「最頻値」などがある。最頻値は，最も頻繁に現れる値のことである。データをいくつかの階級に分類した場合には，最も度数の多い階級の真ん中の値（階級の代表値）のことである。金融資産保有額のデータの場合には，最頻値は0万円である。

平均値・中央値の特徴

ここで，平均値や中央値のもつ性質についてみてみよう。例えば，取り出した5つの世帯の所得額が，それぞれ0万円，100万円，300万円，600万円，1億円であったとすると，この平均値は2200万円である。これに対して，1億円をもつ世帯の代わりに1000万円の世帯が取り出された場合には，その平均値は400万円となってしまう。

このように取り出されたデータの中に非常に大きな（または小さな）値が含まれているような場合には，平均値はその値に引きずられて大きく（または小さく）なってしまう。これに対して中央値は，いずれの場合でも300万円である。

以上より，平均値は，他のデータからかけ離れた値をもつ「はずれ値」（詳しくは，以下の箱ひげ図の項参照）の影響を受けやすいが，中央値はそうでない（頑健である）ことが分かる。しかし中央値を求めるためにはデータを大きさの順に並べかえる必要があり，データ数が多い場合には，その計算は大変

である。また平均値は数学的にいろいろよい性質をもっており、通常は平均値が使われることが多い。

では、平均値や中央値、最頻値はどのように使い分けるべきであろうか。これを考えるために、ある会社の給与の度数分布を考えてみよう。

この会社の給与額の分布が、図3-1と同様、低給与層の人数が多い場合には、組合は会社の給与が低いことを強調するために、その代表的な値として最頻値を用いるかもしれない。これに対して経営者は、会社の給与がそれほど低くないことを主張するために、代表的な値として平均値を用いるかもしれない。もし両者の間で話し合いがつかず第三者の調停が必要になった場合には、中央値を用いて調停が行われるかもしれない。これは仮想例ではあるが、それぞれの主張に都合のよい尺度を用いようとするのは、本末転倒である。

これら3種類の代表値を、どのように使い分けるかについては、明確な統一的規準はない。遭遇した現実の問題や目的に応じて、規準とすべき尺度を選択すべきである。

多くの場合には、計算の簡便さも含めて、平均値を用いればよいが、給与や貯蓄額のようにハッキリした上限がないようなデータの代表値として平均値を用いる場合には、注意が必要となろう。また、はずれ値が出やすいデータの場合には、安定性の観点から、中央値を用いるのがよいであろう。最頻値を代表値として用いることは、現実にはめったにない。

四分位数と箱ひげ図

金融資産保有額の例に戻ろう。平成17年の度数分布は図3-1に与えた通りであるが、平成15年からの2年間で資産保有額がどのように変化したかをみてみよう。

第3話

　平成15年における同様の調査結果によれば，その年の平均値は1099万円，中央値は523万円であり，いずれも平成17年の平均値（1085万円），中央値（400万円）より多い。しかしこの情報だけからでは，資産額のバラツキなどが分からない。

　このような情報を得るためには，平成15年のデータについて図3-1と同様のグラフを描き，これらを見比べればよい。しかし2枚の度数分布を見比べることはそう簡単ではない。そこで度数分布の特徴を表すいくつかの量だけを取り出し，平成15年と平成17年の比較を行うことを考えてみよう。

　一般に度数分布は，ある値 z 以下であるデータの割合が何%であるかを指定することにより決まる。もしこれが a %であるとすれば，z をその度数分布の a パーセント点であるという。特に $a=25$ または $a=75$ の場合には，その値以下であるデータが全体の1/4または3/4だけあることになり，それぞれ「下側四分位数」または「上側四分位数」とよばれる。

　またこれら2つの値の差（＝上側四分位数－下側四分位数）は，この範囲の中に全体の半数のデータが存在することを意味しており，「四分位範囲」とよばれている。これは度数分布のバラツキの程度を表す量であり，一般的にはデータがバラツいているほど大きな値となる。

　以上の値は度数分布の特徴を表す重要な量であり，これらを図示することにより分布の特徴を把握しようとするのが「箱ひげ図」である。

　図3-2は，平成15年と17年の金融資産保有額のデータに対する箱ひげ図である。

　各図の箱の左端・右端の値は，それぞれ下側四分位数・上側四分位数であり，したがって箱の横の長さが四分位範囲となる。

第Ⅱ章 データに語らせる

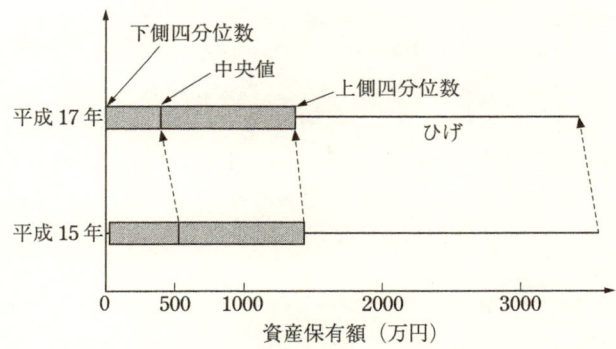

図 3-2 平成15年と平成17年の金融資産保有額の分布に対する箱ひげ図

箱の中央部分に引かれた縦線は中央値を表している。また箱の右端から伸びている横線（「ひげ」）は、四分位範囲の1.5倍の長さをもっており、「はずれ値」があるか否かを表すためのものである。すなわち通常はずれ値とは、上側または下側四分位数から四分位範囲の1.5倍以上離れた値と定義されており、したがってこの「ひげ」からはずれたデータがはずれ値と見なされる。

資産保有額のデータの場合には下側四分位数＝0または7であるから、それから四分位範囲の1.5倍以上離れた値は負となってしまうが、この場合には負の値は存在しないので、左側の「ひげ」は表示していない。しかし一般には、左右両方に「ひげ」が伸びることになる。

資産格差は拡大しているか？

ここで四分位数の計算を行ってみよう。平成17年のデータの

下側四分位数は，2612÷4＝653 であるから，小さい方から653番目と654番目のデータの値の平均となる。これらはいずれも0万円の階級に属しているから，この場合の下側四分位数は0万円となる。

また上側四分位数は，小さい方から1959番目と1960番目のデータの値の平均となり，下の階級から度数を順に足し算することにより，1000万円以上1500万円未満の階級に属することが分かる。

ところで，1000万円未満のデータ数は1775個，1500万円未満のデータ数は2024個であるから，1000万円以上1500万円未満の範囲で比例配分を行うことにより，上側四分位数＝1370万円（≒(1959.5－1775)/(2024－1775)×500＋1000）と計算できる。したがってこの場合には，四分位範囲＝1370万円（＝1370－0），右側のひげの右端の値＝3425万円（＝1370＋1.5×1370）となる。

同様にして平成15年のデータについても計算を行うと，下側四分位数＝7万円，上側四分位数＝1429万円，四分位範囲＝1422万円となる。また左側のひげは0で切れてしまうが，右側のひげの右端の値＝3562万円である。

ところで平成17年の場合には，ひげの右端の点の値は3425万円であるが，図3-1より，金融資産保有額が3425万円以上の世帯は8％程度存在することが分かり，これらが上側のはずれ値とみなされることになる。また平成15年の場合には，3562万円以上の世帯が6％程度存在し，これらが上側のはずれ値となる。いずれの年度においても，下側のはずれ値は存在しない。

ここで図3-2を参照して，平成15年から平成17年の2年間で，世帯の資産保有額がどのように変化したかを考えてみよう。

まず平均値は，1099万円から1085万円に14万円減少しているが，これはそれほど大きな変化ではなかろう。いっぽう中央値は，523万円から400万円に123万円も減少している。次に下側四分位数は7万円から0万円に変化しており，さらに，資産が0の世帯の割合は24.7%から29.7%へと5.0ポイントも増加している。上側四分位数については，1429万円から1370万円と59万円の減となっている。このことは何を意味しているのだろうか。

まず，資産0の世帯の割合が増加していること，中央値が減少していることから，貯蓄の余裕のない世帯層が増え，この層では貯蓄額も減少していることが分かる。いっぽう上側のはずれ値の割合が増加していることから，相対的に余裕のある層は増えていることが分かる。すなわち平成15年から平成17年の間に，貧富の差がドラスティックに拡大していることが読み取れる。

このように「箱ひげ図」を用いれば，分布の重要ないくつかの量を目に見える形で簡潔に表現することができる。データ全体の特徴を把握したり，いくつかのデータの組の変化などをとらえる場合には，きわめて便利な図的表現法である。

第4話

第4話 政治家の好き嫌い，歴史上より現代のほうがバラツク！（標準偏差）

データのバラツキをどのように表すか

26人の政治家・歴史上の人物の好き嫌いに関して，大学1年生100名にアンケート調査を実施し，そのうちの10名のデータ（A, B, …, J）を表4-1に示した。調査時期は2006年1月である。

それぞれの人物に対し，「好き」，「やや好き」，「どちらともいえない」，「やや嫌い」，「嫌い」のいずれかに○印をつけてもらい，それぞれを，5，4，3，2，1点で集計し，各人について平均値を求めた。

ある政治家に対し，全員が「どちらともいえない」と評定すれば，平均値は3となる。いっぽう，べつの政治家に対し，「好き」と「嫌い」な人が50人ずついたとしよう。すると，平均値は(50×5＋50×1)/100＝3となり，この2人の政治家に対する好き嫌いの指標となる平均値はともに3となる。しかし，この平均値だけをもって2人の政治家に対する好き嫌いが同程度とみなすことには無理がある。

このとき，2人の政治家に対する評定のバラツキの差を最も簡単に求める方法は，範囲（レンジ）とよばれる最大値と最小値の差，すなわち

　　範囲（レンジ）＝最大値－最小値

を求めることである。前者は3－3＝0，後者は5－1＝4となり，明らかに前者と後者で政治家の好かれ方が異なっている。

もう1つ例をあげよう。ある大学生が家庭教師として2人の

第Ⅱ章　データに語らせる

	A	B	C	D	E	F	G	H	I	J
安倍晋三	4	3	4	1	4	1	3	2	2	2
石原慎太郎	1	4	4	2	3	1	2	5	3	4
伊藤博文	3	3	2	4	4	2	3	4	3	5
小沢一郎	5	2	2	2	2	3	3	1	2	3
織田信長	3	3	4	3	4	1	4	5	4	5
勝海舟	4	3	3	5	4	4	3	5	4	5
菅直人	4	3	2	4	2	4	3	1	3	2
M.ガンジー	5	4	4	5	5	5	4	1	5	5
B.クリントン	4	3	2	4	4	5	3	2	4	3
小池百合子	2	2	2	3	2	4	2	1	3	1
小泉純一郎	3	2	4	2	4	1	2	5	3	1
西郷隆盛	5	4	1	3	4	3	3	5	4	5
志位和夫	3	3	1	3	3	3	3	1	3	1
田中角栄	2	3	3	4	3	4	4	2	4	3
田中真紀子	3	3	3	4	4	2	3	1	3	1
土井たか子	3	3	2	4	2	3	4	2	3	2
徳川家康	2	3	4	2	3	5	4	5	3	2
徳川慶喜	5	5	1	4	4	3	4	4	3	3
豊臣秀吉	3	3	2	2	2	2	2	5	4	2
中曽根康弘	3	2	1	4	2	2	3	1	3	3
鳩山由紀夫	4	3	1	4	1	3	3	1	2	2
福島瑞穂	2	2	2	3	2	4	3	2	3	1
J.ブッシュ	2	3	1	2	4	1	3	2	1	1
T.ブレア	4	3	2	4	3	2	4	1	2	2
源義経	4	3	2	4	4	2	3	5	3	4
源頼朝	3	3	2	2	3	2	4	5	3	1

（5：好き，4：やや好き，3：どちらともいえない，2：やや嫌い，1：嫌い）

表4-1　26人の政治家・歴史上の人物の好き嫌いに関する調査データ（学生10人分）

第4話

高校生に数学を教えていたとしよう。その2人をA君,B君とした場合,10回のテストの平均値はともに70点であったが,A君は最高点100点,最低点40点,B君は最高点75点,最低点65点とほぼ毎回70点に近い点であったとする。

この場合,A君の10回のテスト成績のレンジは60点,B君の成績のレンジは10点で,A君の方が成績のバラツキが大きい。A君は数学で得意な部分と不得意な部分がはっきりしていたのかもしれない。したがって,この家庭教師は,A君とB君に対するそれぞれ異なった指導法を工夫すべきである。

このように,何らかの数量によって表現されるデータを収集した場合,平均値とともにデータのバラツキを確認するための指標を求める必要がある。上記の「範囲」は最も簡便なバラツキの指標であるが,通常は,平均からの偏差(以降「平均偏差」とよぶ)である「観測値と平均値の差」を平方し,その総和をデータ数で割った

　　分散={(観測値－平均値)^{2}の総和}/(データ数)……(1)

を求め,さらにその正の平方根をとった「標準偏差(Standard Deviation, S.D.と略記される)」とよばれる量でバラツキを表す。

先に述べたように,ある政治家に対して回答者全員が「どちらともいえない」と評定すれば,平均値は3で,標準偏差は0となる。しかし,別の政治家に対し,50人が「好き」,残りの50人が「嫌い」と反応すれば,その分散は

　　$\{50 \times (5-3)^2 + 50 \times (1-3)^2\}/100 = 4$

となり,その平方根である標準偏差は2となる。

つまり,平均値がともに3の2人の政治家がいた場合,標準偏差の大きい人物の方が好かれ方嫌われ方の程度が顕著であることがわかる。

ここで,(1)式で与えた分散を,数式を使って定義しておこう。いま,あるテストを受けた n 人の学生の成績を,x_1, x_2, …, x_n とする。このとき,平均値 $\overline{x}$(エックスバー)は

$$\overline{x} = \frac{x_1 + x_2 + \cdots + x_n}{n}$$

と表せ,分散 s^2 は次で与えられる。

$$s^2 = \frac{(x_1 - \overline{x})^2 + (x_2 - \overline{x})^2 + \cdots + (x_n - \overline{x})^2}{n} \quad \cdots\cdots(2)$$

また,標準偏差 s は分散 s^2 の正の平方根

$$s = \sqrt{s^2}$$

となる。

歴史上の人物に比べ現代の政治家のバラツキは大きい

100人のデータに基づいて26人の人物の好き嫌いについての平均値と標準偏差を計算し,平均値の大きい順に26人の人物を左側から右側に並べ,それらの平均値と標準偏差を図4-1に示した。

平均値の最も高かった人物は,イギリスからインドを独立させ"インドの父"とよばれた「マハトマ・ガンジー(M.ガンジー)」で,以下「織田信長」,「西郷隆盛」,「勝海舟」,「源義経」,「豊臣秀吉」がつづいた。現役の政治家では小泉首相の退陣後の2006年9月に新首相に任命された「安倍晋三(調査当時,内閣官房長官)」が辛うじて第12位に入った。

標準偏差が最も大きかった人物は,「小泉純一郎(調査当時首相)」で,「石原慎太郎(同東京都知事)」,「安倍晋三」,「田中真紀子(元外務大臣)」,「菅直人(元民主党代表)」がそれにつづいた。ここに挙げた標準偏差の大きかった5名はいずれも現役の政治家(2007年5月現在)であり,このうち比較的高い

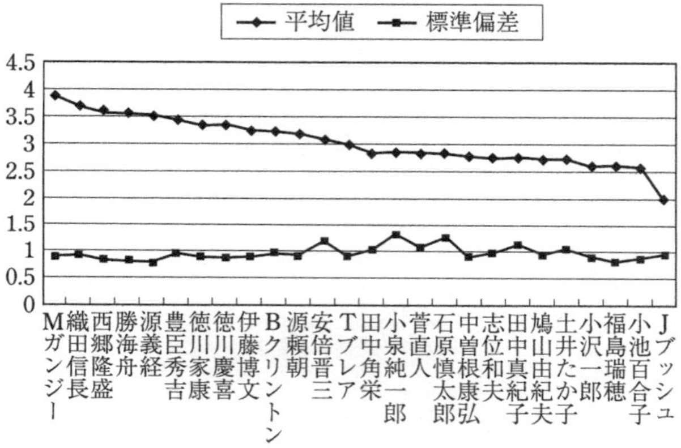
平均値
標準偏差
4.5
4
3.5
3
2.5
2
1.5
1
0.5
0
Mガンジー
織田信長
西郷隆盛
勝海舟
源義経
豊臣秀吉
徳川家康
徳川慶喜
伊藤博文
Bクリントン
源頼朝
安倍晋三
Tブレア
田中角栄
小泉純一郎
菅直人
石原慎太郎
中曽根康弘
志位和夫
田中真紀子
鳩山由紀夫
土井たか子
小沢一郎
福島瑞穂
小池百合子
Jブッシュ

図4－1　26人の政治家・歴史上の人物の好き嫌いの評定による平均値と標準偏差

平均値を示した政治家は先に述べたように「安倍晋三」のみで，他の4人の政治家の平均値はいずれも3点を下回った。

現役の政治家は連日マスメディアに登場し，毎日の一挙一動が注目される機会が多い。そのため，多くの歴史書を通して評価の定まっている歴史上の人物に比べて，評定のバラツキが大きくなったものと思われる。特に，「小泉純一郎」，「石原慎太郎」のように自己の意見を明確に述べるタイプの政治家に対する評価のバラツキが大きくなったのは想像に難くない。「小沢一郎」および「中曽根康弘」のバラツキはもっと大きくなるものと予想されたが，調査時（2006年1月）においては，メディアへの露出度が低いためか，学生の評定に顕著なバラツキはみられなかった。

ところで，平均値が1（または5）となれば，回答者の全員が1（または5）と評定したことになり，先に説明したバラツ

キの指標である標準偏差は0となる。したがって，平均値の低い（または高い）人物の標準偏差は小さくなるものと予想される。ところが，平均値が2点未満と最も人気度の低かったジョージ・ブッシュ（米国第43代大統領，以降「J．ブッシュ」と略記）の標準偏差が上位から数えて10番目に位置づけられたことは，調査対象学生の全員が「J．ブッシュ」に対して「嫌い」の評定をしたのではなく，「好き」，「やや好き」と評定した学生も少なからず存在していたことになる。

共通第1次学力試験5教科のバラツキ
　　——数学と理科のバラツキは大きい

　次に，図4-2を見てみよう。これは，1979年に開始された共通第1次学力試験5教科（各200点満点）の標準偏差を，公表されている資料に基づいて1979年から1983年まで示したものである。この当時の受験者数は，国公立大学受験を志願する約30万人である。国語，数学，外国語（多くの場合英語であり，以降「英語」と記す）は200点満点，社会と理科は選択された2科目でそれぞれ200点満点であった。

　5教科の中では，5年間ともに「数学」の標準偏差が最も大きく，つづいて「理科」と「英語」の標準偏差が高かった。5年間のいずれにおいても「国語」の標準偏差は5教科の中で最小の値を示している。

　「数学」の標準偏差が他の4教科に比べ最も大きくなるのは，受験生全体から見ると「数学」に対する得意不得意のバラツキが他の4教科の成績のバラツキに比べ大きくなるからといえよう。つまり，数学の得意な生徒は，「数学」の多くの問題に正答を与えることができるが，数学の不得意な生徒は，どの問題にも正答を与えることができないということが，日常的に起こ

第4話

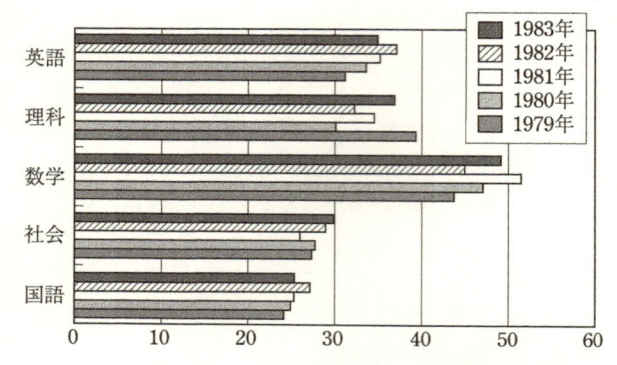

図4-2 1979～83年の共通第1次学力試験5教科成績の標準偏差

りうるからと考えられる。

身長と体重のバラツキの計算法
——変動係数の計算法

ところで,人物の好き嫌いの評定や,満点が同一の教科科目成績間の標準偏差の大きさは相互に比較可能であるが,長さが測定単位である身長(cm)と,重さが測定単位となる体重(kg)のバラツキといったような,互いに単位の異なる測定値のバラツキを表す標準偏差の大きさを相互に比較することは意味がない。同様に,100m競走のタイム(秒)と走り幅跳びの記録(m)の標準偏差の大きさを比較することも意味がない。しかし,次のような方法によれば,それらの比較が可能となる。

いま,筆者の保有するデータ(柳井他2005,参考文献29)に基づいて,成人男性および女性各1万名の身長と体重の平均値

と標準偏差を計算した。男性の場合，身長，体重の平均値は，それぞれ166.34cmと64.78kg，標準偏差は6.39cmと9.55kgであった。いっぽう，女性の場合，身長，体重の平均値は153.80cmと53.80kg，標準偏差は5.68cmと8.04kgであった。

標準偏差で比較すると，男性のほうが女性に比べ身長も体重もバラツキが大きいことは明らかである。これは，男性のほうが女性にくらべ身長も体重も大きいため，それに伴って，標準偏差が大きくなったものと考えられる。

そこで，男性と女性の身長（体重）の大きさの影響を考慮したバラツキの指標として，

変動係数＝（標準偏差）／（平均値）

の利用が勧められる。通常は，平均値が大きくなるにつれ，バラツキの指標である標準偏差が大きくなるため，標準偏差を平均値で割るという発想はごく自然なものであろう。

さらに好都合なことに，上式で定義される変動係数は，無名数（単位に無関係な量）となるので，身長と体重のバラツキも相互に比較可能となる。ここで，身長の変動係数を男女別に求めると，男性の場合は0.0384，女性の場合は0.0369となり，男性の方がわずかに大きくなる。いっぽう，体重については，男性で0.1474，女性が0.1494と，女性の方が大きくなる。

この結果，身長の変動係数に対する体重の変動係数の比は，男性の場合3.84倍（＝0.1474/0.0384），女性の場合4.05倍（＝0.1494/0.0369）となり，身長に比べて体重のバラツキはずっと大きいことが分かる。体型についての個人差を比較する場合，身長よりも体重の相違が目に付くのはこのような理由によるものといえよう。乳幼児の場合，身長に比べ体重の変動係数が大きいことは明白である。

性別，年齢別に体重の変動係数を身長の変動係数で割った比

第4話

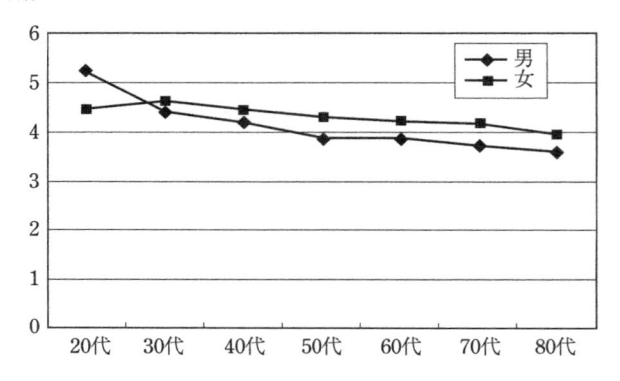

図 4-3 年齢別・性別にみた身長の変動係数に対する体重の変動係数の比

の値を図4-3に示した。20歳代を除くと、比の値は男性に比べ女性が高くなっている。さらに、加齢につれ、その比の値は減少傾向にある。20代の女性の比の値が男性に比べ小さくなっているのは、ダイエット効果によるものであろうか。

このように、統計データの解析においては、第3話で説明した平均値等の代表値の比較が重要であることはいうまでもないが、バラツキをはかる代表的な統計的指標である標準偏差（または分散）、さらには変動係数を求めることも重要であることを強調しておきたい。

第II章 データに語らせる

第5話 偏差値問題，偏差値150って本当？（偏差値）

女子高生のなげき

女子高生のさっちゃんが言った。「中間テストの成績が平均点以下だったので，期末テストでは頑張ったんだけど，たった2点しか上がらなかったの。勉強のしかたが悪いのかしら？」

確かにさっちゃんの中間試験の点数は71点で，クラスの平均点74.3点より悪かったし，頑張った期末試験の点数は73点で2点しか上がらなかった。しかし期末試験のクラスの平均点を調べてみると，59.9点であった。したがって，さっちゃんの点数はクラス平均よりかなり高く，頑張って試験勉強をした甲斐がありそうである。このことを，何か数値で示す方法はないだろうか。

幹葉図

まず，クラス全体の中間試験の点数の分布をみてみよう。このためにはデータを表の形でまとめたり，度数分布を描いたりすればよい。しかし表の形にすると，一つ一つの値ははっきりと分かるが，全体の分布状況が把握しにくい。いっぽう度数分布では，全体の状況は一目で分かるが，個々の値が分からない。

そこで図5-1に示した「幹葉図」とよばれるグラフを用いて，クラスの中間試験の点数を表してみる。これはデータの値を木の「幹」と「葉」のような形に図式化したグラフで，もとのデータを加工していないので，このグラフからデータの一つ

第5話

```
            度数  深さ                    度数  深さ
9 | 13355     5    5      9 |
8 | 02457799  8   13      8 | 0            1    1
7 | 001̲13344457 11 (11)   7 | 357889       6    7
6 | 04        2    8      6 | 00344447789 11  (11)
5 | 489       3    6      5 | 556678       6   14
4 | 225       3    3      4 | 55688        5    8
3 |                       3 | 89           2    3
2 |                       2 | 2            1    1
```

　　　（中間試験の成績）　　　　　　（期末試験の成績）

　　　図 5 - 1　中間試験と期末試験の成績

一つの値を復元することができる。またデータの分布状況が直感的に把握しやすいという特徴ももっている。

いまクラス32名の生徒の点数が（91, 89, 59, 71, …, 95）であったとし，このデータに対する幹葉図の描き方を説明しよう。最初のデータの値91は，9という「幹」に付いた1という「葉」によって表示されており，以下も同様である。注目しているさっちゃんの中間試験の点数71は，7という幹の1という葉に対応している（図5-1では二重下線を付してある）。

幹葉図の右側の度数の欄には，各幹に付いている葉の枚数が表示されている。また深さの欄には，上からまたは下からの累積度数が表示されており，中央値が属する階級の深さの欄には，その度数が（　）内に書かれている。これらの情報は，中央値や四分位数などを求める際に有用である。

例えば中間試験の場合の中央値を求めたいとすれば，これは下から16番目の値と17番目の値の平均である。深さの欄より，

48

下から3つの階級にいる生徒数は8人であることがすぐに分かり，したがって中央値は，下から4番目の階級の，小さい方から8番目と9番目の値の平均となる。これらはいずれも74点であるので，この場合には中央値は74点と求めることができる。

同様にして，上側四分位数を求めてみよう。これは上から8番目と9番目の値の平均である。深さの欄から，1番上の階級に属する生徒数は5人であり，したがって上側四分位数は，上から2番目の階級の，大きい方から3番目と4番目の値の平均となる。これらは，いずれも87点であるので，この場合には上側四分位数は87点となる。

またさっちゃんの点数71点が下から何番目かを知りたいとすれば，その点数が属する幹の1つ下までの深さが8であり，それに3を加えることにより下から11番目であることがすぐに分かる。

幹葉図による比較

同様にして期末試験の点数を表す幹葉図を描いたものが，図5-1の右側のグラフである。ここでさっちゃんの点数73点に対応する葉には，二重下線を付してある。中間試験と期末試験の幹葉図を並べて表示すると，これら2つの試験の点数の比較が行いやすくなる。

例えばさっちゃんの期末試験での成績は，深さの欄より上から7番目であることが一目で読み取れ（中間試験では上から21番目），ずいぶん頑張ったことが分かる。また中間試験の中央値は74点，期末試験の中央値は61.5点で，期末試験のほうがずっと難しかったことや，それぞれの試験の最高点や最低点の比較などもすぐにできる。

このように幹葉図によれば，一つ一つのデータの値が正確に

第5話

分かるうえに, 全体の分布状況や中央値・四分位数などの計算も容易に行える。ただデータ数が多くなると, 幹に付く葉の枚数（度数）がたくさんになって見にくいので, 例えば幹の分類を細かく（例えば5点きざみに）するなどの工夫が必要になろう。

さっちゃんの偏差値

さて最初の話題に戻ろう。図5-1の幹葉図から, このクラスの中間試験の平均点は

$$(95+95+93+\cdots+42)/32 = 74.3$$

標準偏差は, 第4話の(2)式の平方根を求めることにより

$$\sqrt{\{(95-74.3)^2+(95-74.3)^2+\cdots+(42-74.3)^2\}/32} = 14.9$$

と計算できる。

同様にして期末試験の平均点は59.9, 標準偏差は13.5となる。この結果より, バラツキを示す量である標準偏差は, 2つの試験であまり変化はない。しかし平均点には14.4点の大きな開きがある。

ところでさっちゃんは, 中間試験では平均点に3.3点（＝74.3－71）及ばず, その差は標準偏差14.9点の1/5程度である。いっぽう期末試験では平均点より13.1点よく, それは標準偏差とほぼ同程度である。したがって期末試験の73点という点数は, かなり価値があると考えられよう。

このような考察から分かるように, 異なる試験の成績は, たんに得点の値を比較すればよいものではなく, 試験の難易度（平均点）とバラツキ（標準偏差）を考慮した上で比較を行うべきである。

このような考え方に基づいて作られた尺度が「偏差値」である。これはある人の点数が平均値と同じ場合には50, 平均値よ

り1標準偏差分だけ高い(低い)場合には,10を加えて(引いて)60(40),平均値より2標準偏差分だけ高い(低い)場合には,20を加えて(引いて)70(30),などとした尺度である。

例えばさっちゃんの中間試験の点数の偏差値は

$50+10\times(71-74.3)/14.9=47.8$

期末試験の点数の偏差値は

$50+10\times(73-59.9)/13.5=59.7$

となる。

標準化と偏差値

一般的な偏差値の定義は,次のようになる。いま対象とする受験者集団の平均値を $\bar{x}$ 点,標準偏差を s 点とすれば,この試験で x 点をとった受験生の偏差値 t は,

$t=50+10\times(x-\bar{x})/s$

で与えられる。

ここで, $x-\bar{x}$ や s の単位は(点)であるが,それらの割り算を行っているので,偏差値は無名数(単位のない数)となることに注意してほしい。

ところで統計学では,データの値 x から,データ全体の平均値 $\bar{x}$ を引き,標準偏差 s で割り算する操作

$z=(x-\bar{x})/s$

を「データの標準化」とよんでいる。また z は標準得点とよばれている。

このような操作を行えば, z の平均はいつでも0,標準偏差は(したがって分散も)1になることが示せる。偏差値は,基本的にはこのデータの標準化の操作を行っている尺度であるが,平均が50で,それより1標準偏差ずつ高く(低く)なっていくと,値を10ずつ変化させることにするとなじみやすいとい

う発想から考案されたものである。

偏差値150はありうる！

ここで偏差値は、0以上100以下の値をとるとは限らないことを説明しておこう。すなわち、偏差値は負の値や100より大きい値をとることもありうる。実際、ある大学1年生の100人ほどのクラスの中には、2人程度100を超える偏差値をとった経験のある学生もいた。

極端な例として、100人の人がある試験を受けたとき、99人が0点、残りの1人が100点であったとしよう。このとき平均値は、

$$(99 \times 0 + 100)/100 = 1.0 (点)$$

標準偏差は

$$\sqrt{\{99 \times (0-1)^2 + (100-1)^2\}/100} = 9.9 (点)$$

となる。

したがって100点をとった人の偏差値は150（$=50+10\times(100-1)/9.9$）となる。また0点をとった人たちの偏差値は49.0（$\approx 50+10\times(0-1)/9.9$）となる。

第2のこれまた極端な例として、受験者のちょうど半数にあたる50人が100点、残りの50人が80点の場合を考える。この場合、平均値が90点、標準偏差が10点であることはすぐに分かる。したがって100点の人たちの偏差値は60、80点の人たちの偏差値は40となる。次に受験者のちょうど半数にあたる50人が100点、残りの50人が0点の場合を考える。この場合は、平均値が50点、標準偏差が50点になる。したがって100点の人たちの偏差値は60、0点の人たちの偏差値は40となり、前の場合と同様な結果となってしまう。

一般に受験生のちょうど半数が a 点、残りの半数が b 点（0

$\leq b < a \leq 100$)の場合には，a点をとった人たちの偏差値はいつでも60，b点をとった人たちの偏差値はいつでも40であることが示せる。これらの例のように，偏差値には常識では奇異に感じられるような性質もあるので，注意してほしい。

　偏差値は，本質的には点数を平均値と標準偏差で標準化した量と考えられるが，統計学においてはこのような標準化の考え方は極めて重要である（第13話参照）。また偏差値を基にその値以上の人の割合などを求めるためには，第13話で解説する正規分布の仮定が必要であることに注意しなければならない。

第6話 政治家の好き嫌い，歴史上の人と現代の人の関連は？（相関係数）

2つの変数間の関連度の表し方

複雑な要素が絡み合う日常の生活においては，2つの異なる事象の相互関連の度合いが問題となることがしばしばある。

いま，2つの事象が親の身長と子の身長，学生の外向的性格（外向性）と読解力，あるいは大学時代の成績と入社後の勤務成績といったように，連続的な量的数値で表される場合には，例えば20人のデータについての調査結果を図6-1のような2次元のグラフとして表すことができる。

このように，2つの変数の一方を横軸に，他の一方を縦軸にとり，得られたデータを2次元のグラフ上にプロットした図は，「散布図」（または「相関図」）とよばれている。現実の場面における2つの変数間の関係は，図6-1の3つのタイプ（a），（b），（c）のいずれかに近くなる場合がほとんどである。

（a）の場合は，横軸の変数（x）が大きくなるにつれ，縦軸の変数（y）も大きくなるという関係をもち，このような場合，「xとyは正の相関をもつ」という。図6-1では，「親の身長が大きいほど子の身長も大きい」傾向がみられ，親と子の身長が正の相関をもつことが分かる。

（b）の場合は，xの値が大きくなるにつれ，yの値が小さくなる傾向があり，このような場合には「xとyは負の相関をもつ」という。図6-1では，「外向的な性格の人は読解力が弱い」という傾向が観察できるので，外向性と読解力が負の相関

第II章　データに語らせる

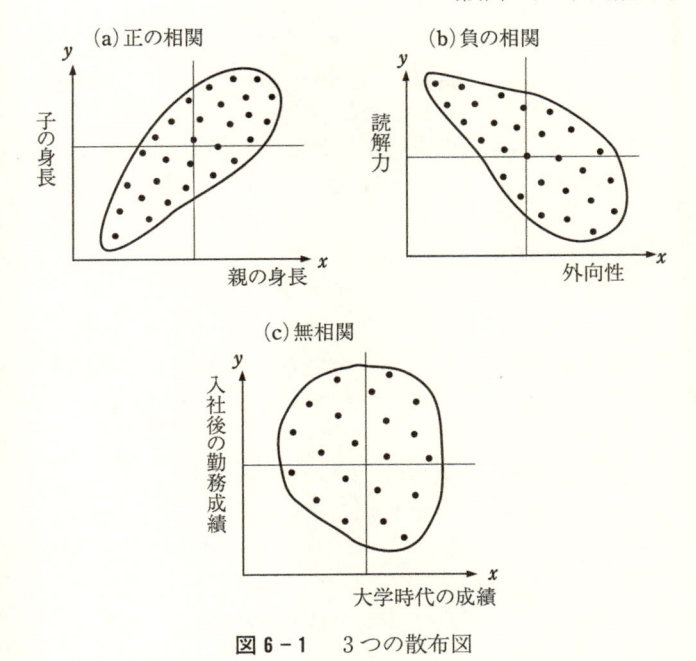

(a) 正の相関　　　　　(b) 負の相関

子の身長／親の身長　　読解力／外向性

(c) 無相関

入社後の勤務成績／大学時代の成績

図 6-1　3つの散布図

をもつことが分かる。

（c）の場合は、横軸の変数（x）と縦軸の変数（y）の間には明白な関連は認められず、この場合は「無相関」とよばれている。図6-1では、「大学時代の成績は、入社後の勤務成績と関連がない」との傾向がみられ、したがって大学時代の成績と入社後の勤務成績は、無相関に近いことが分かる。

ところで、散布図では、2つの変数間の関連の度合いを定量的に表現することはできない。これを定量的に表す尺度として最も広く用いられているものに、「相関係数」（correlation coefficient) がある。これは, 19世紀の末にイギリスのピアソンが導入した尺度で,「ピアソンの(積率)相関係数」とよばれ, －1以上＋1以下の値をとる量である。

図6-1の(a)の場合, すなわち正の相関がある場合には, 相関係数の値は正の値をとり, 散布図上の点が1本の右上がりの直線の周りに集中するにつれ, その値が＋1に近くなるという性質をもっている。また, (b)の負の相関がある場合には, 相関係数の値は負の値をとり, 散布図上の点が1本の右下がりの直線の周りに集中するにつれ, その値が－1に近くなるという性質がある。(c) すなわち無相関の場合には, 相関係数の値は0に近い値となる。

人物イメージの類似性
——相関係数の計算とその利用

それでは, 2つの変数間の相関係数はどのようにして計算されるのだろうか。

2つの変数 x と y の間の相関係数を計算するために, まず, 2変数 x と y の間の共分散(通常 s_{xy} と記載される)とよばれる量を考える。これは,

x と y の共分散 $= s_{xy}$
$= \{(x の測定値 － x の平均値) \times$
 $(y の測定値 － y の平均値) の総和\}/(データ数)$

として定義される量である。すなわち, x, y それぞれの平均偏差の積和をデータ数で割ったものである。このとき x と y の相関係数(通常 r_{xy} と記載される)は,

x と y の相関係数 $= r_{xy}$
$= (x と y の共分散)/\{(x の標準偏差) \times (y の標準偏差)\}$

として定義される量である。

ここで、例えば身長と体重などのような2つの変数 x, y の n 組の測定値を (x_1, y_1), (x_2, y_2), …, (x_n, y_n) としよう。このとき x, y の平均を、それぞれ $\overline{x}$, $\overline{y}$ とすると、x と y の共分散 s_{xy} は次のように表せる。

$$s_{xy} = \{(x_1-\overline{x})(y_1-\overline{y}) + (x_2-\overline{x})(y_2-\overline{y}) + \cdots + (x_n-\overline{x})(y_n-\overline{y})\}/n$$

また、x, y の標準偏差は

$$s_x = \sqrt{\{(x_1-\overline{x})^2 + \cdots + (x_n-\overline{x})^2\}/n}$$
$$s_y = \sqrt{\{(y_1-\overline{y})^2 + \cdots + (y_n-\overline{y})^2\}/n}$$

と表せる。

ここで、x と y の各測定値からそれぞれの平均値を引いた平均偏差を各成分として持つ2つの n 次元ベクトルを、次のように定義する。

$$\boldsymbol{x} = \begin{pmatrix} x_1-\overline{x} \\ x_2-\overline{x} \\ \cdots \\ x_n-\overline{x} \end{pmatrix}, \quad \boldsymbol{y} = \begin{pmatrix} y_1-\overline{y} \\ y_2-\overline{y} \\ \cdots \\ y_n-\overline{y} \end{pmatrix}$$

このとき、二つのベクトル $\boldsymbol{x}$ と $\boldsymbol{y}$ の内積 $(\boldsymbol{x}, \boldsymbol{y})$、ベクトル $\boldsymbol{x}$ の長さ $\|\boldsymbol{x}\| = \sqrt{(\boldsymbol{x}, \boldsymbol{x})}$、ベクトル $\boldsymbol{y}$ の長さ $\|\boldsymbol{y}\| = \sqrt{(\boldsymbol{y}, \boldsymbol{y})}$ を用いると、$\boldsymbol{x}$ と $\boldsymbol{y}$ の共分散 s_{xy}、および x, y の標準偏差 s_x, s_y は次のように表すことができる。

$$s_{xy} = \{(x_1-\overline{x})(y_1-\overline{y}) + \cdots + (x_n-\overline{x})(y_n-\overline{y})\}/n$$
$$= (\boldsymbol{x}, \boldsymbol{y})/n,$$
$$s_x = \sqrt{\{(x_1-\overline{x})^2 + (x_2-\overline{x})^2 + \cdots + (x_n-\overline{x})^2\}/n}$$
$$= \sqrt{(1/n)(\boldsymbol{x}, \boldsymbol{x})} = \|\boldsymbol{x}\|/\sqrt{n}$$
$$s_y = \sqrt{(1/n)(\boldsymbol{y}, \boldsymbol{y})} = \|\boldsymbol{y}\|/\sqrt{n}$$

したがって、2つのベクトルの内積と長さ、および角度 θ（シータ）の間に成立する公式

第6話

$$(\boldsymbol{x}, \boldsymbol{y}) = \|\boldsymbol{x}\| \|\boldsymbol{y}\| \cos\theta$$

により，x と y の相関係数 r_{xy} は次のように表され，ベクトル $\boldsymbol{x}$ と $\boldsymbol{y}$ のなす角度 θ の余弦 (cosine) に等しくなることがわかる。

$$r_{xy} = \frac{s_{xy}}{s_x s_y} = \frac{(\boldsymbol{x}, \boldsymbol{y})}{\|\boldsymbol{x}\| \cdot \|\boldsymbol{y}\|} = \cos\theta \quad \cdots\cdots(1)$$

ところで，三角関数の性質から $\cos\theta$ の値の範囲は -1 以上 $+1$ 以下であるから，x と y の相関係数 r_{xy} も -1 以上 $+1$ 以下となる。

このように，相関係数の値は -1 から $+1$ までの範囲で正または負の値をとるが，その符号について，図6-1(a)の場合を例にとって考えてみよう。

まず，散らばっている20個の点の平均を通り，x軸およびy軸に平行な直線を引いて全体を4分割する。このとき，図6-1(a)の場合には，右上（第1象限）および左下（第3象限）に位置する点が多く，これらの点の平均偏差の積 $\{(x$ の測定値 $- x$ の平均値$) \times (y$ の測定値 $- y$ の平均値$)\}$ は正になる。これに対して，左上（第2象限）および右下（第4象限）に位置する点では，平均偏差の積が負になるが，このような点の数は少ない。

したがって，図6-1(a)の場合の全ての点の平均偏差の積の総和は正の値となり，それをデータ数で割って得られる共分散 s_{xy} は正の値をとる。したがって，共分散 s_{xy} の値を，x と y の標準偏差の積 $s_x \cdot s_y$ で割って得られる相関係数 r_{xy} の値も，正になることがわかる。

同様に考えれば，図6-1(b)の場合には，左上（第2象限）および右下（第4象限）に位置する点が多く，相関係数の値は負になることが分かる。

第II章　データに語らせる

ここで，第4話の表4-1の10，16行目に与えた，「小池百合子」と「土井たか子」に対する10人の評定値のデータを用いて，相関係数の計算例を紹介しよう。

まず，「小池」と「土井」の10名の評定平均値は，それぞれ2.2，2.8となる。次に各評定値から平均値を引いた値（平均偏差）を計算すると，次の表6-1のようになる。ところで第4話で説明したように，分散は平均偏差の平方和7.6，および5.6を，データ数（=10）で割ることにより計算でき，それぞれ0.76，0.56となる。標準偏差はその平方根であり，この場合には0.871，0.748となる。

次に，「小池」と「土井」の共分散は，

{(−0.2)×0.2+(−0.2)×0.2+(−0.2)×(−0.8)+0.8×1.2+(−0.2)×(−0.8)+1.8×0.2+(−0.2)×1.2+(−1.2)×(−0.8)+0.8×0.2+(−1.2)×(−0.8)}/10
=0.340

と計算できる。上記の相関係数の定義式により，「小池」と「土井」の「好かれ方嫌われ方の相関係数」は

0.340/{(0.871)・(0.748)}=0.522

となる。つまり，「小池」が好きな学生は「土井」が好きな傾向にあることがわかる。その逆に，「小池」が嫌いな学生は

	A	B	C	D	E	F	G	H	I	J	平方和
小池	−0.2	−0.2	−0.2	0.8	−0.2	1.8	−0.2	−1.2	0.8	−1.2	7.6
土井	0.2	0.2	−0.8	1.2	−0.8	0.2	1.2	−0.8	0.2	−0.8	5.6

表6-1　「小池」と「土井」に対する平均偏差とその平方和

「土井」が嫌いな傾向にあるともいえる。

ところで，相関係数はどの程度大きければ関連が強いと言えるのだろうか。一般に，相関係数の値は，その絶対値が大きいほど，関連（または逆の関連）の強さが増すわけだが，その程度ははっきりしない。そこで，以下に，おおよその目安となる基準を与えておこう。

（ⅰ）相関係数＝0.7〜1.0（または−0.7〜−1.0）：
　　　かなり強い関連（逆の関連）がある。
（ⅱ）相関係数＝0.4〜0.7（または−0.4〜−0.7）：
　　　中程度の関連（逆の関連）がある。
（ⅲ）相関係数＝0.2〜0.4（または−0.2〜−0.4）：
　　　弱い関連（逆の関連）がある。
（ⅳ）相関係数＝0.2〜−0.2：ほとんど関連がない。

相関係数の計算例——26人の政治家・歴史上の人物間の「好かれ方・嫌われ方」

ここで，第4話で示した26人の政治家・歴史上の人物の「好かれ方・嫌われ方」についての，大学生100名のデータを再度考える。

26人のうちのある2人を取り上げ，その2人の好き嫌いの間に関連性があるか否かを調べるために，相関係数の値を計算してみると，表6-2のようになる。26人から2人の人物を取り出す組み合わせ数は全部で

$$_{26}C_2 = 26 \cdot 25/2 = 325 通り$$

あることから，表6-2では2次元の表としてこれらの値を表示してある。

ここで，表6-2に与えた325通りの相関係数の値について，より詳細に検討してみよう。最も相関係数の高かった組み合わ

第Ⅱ章 データに語らせる

表6-2 26人の政治家・歴史上の人物に対する「好き」「嫌い」の評定値に基づく相関係数

	織田信長	菅直人	小池百合子	土井たか子	安倍晋三	エリツィン	源義経	鳩山由紀夫	徳川慶喜	勝海舟	伊藤博文	田中角栄	豊臣秀吉	小泉純一郎	石原慎太郎	福島瑞穂	徳川家康	源頼朝	J.ブッシュ	西郷隆盛	志位和夫	中曽根康弘	田中真紀子	B.クリントン
織田信長																								
菅直人	-0.216																							
小池百合子	-0.249	0.326																						
土井たか子	-0.245	0.454	0.411																					
安倍晋三	-0.221	-0.178	0.249	0.009																				
エリツィン	-0.049	0.093	0.151	0.230	0.375																			
源義経	0.210	-0.065	-0.120	-0.020	-0.045	-0.095																		
鳩山由紀夫	-0.151	0.429	0.157	0.321	0.009	0.125	-0.014																	
徳川慶喜	0.034	0.076	0.071	0.215	0.134	0.066	0.207	0.339																
勝海舟	0.130	-0.047	-0.150	0.058	-0.037	-0.076	0.083	0.329	0.305															
伊藤博文	0.204	-0.227	-0.079	-0.153	0.125	-0.125	-0.119	0.047	0.083	0.023														
田中角栄	0.001	0.115	0.154	0.014	0.044	0.096	0.059	0.040	-0.028	-0.044	-0.092													
豊臣秀吉	0.444	-0.133	-0.092	-0.183	0.089	-0.135	0.214	0.069	-0.006	0.205	0.141	0.178												
小泉純一郎	0.233	-0.079	0.216	0.089	0.477	0.317	-0.025	-0.021	0.196	-0.183	0.063	0.042	0.182											
石原慎太郎	-0.055	0.274	0.115	0.143	0.130	0.108	0.050	0.368	0.028	0.149	0.208	0.089	0.205	0.067										
福島瑞穂	0.174	-0.301	0.156	-0.101	0.144	0.022	-0.143	-0.177	-0.065	0.019	-0.013	-0.182	0.062	0.112	0.146									
徳川家康	-0.239	0.353	0.400	0.610	-0.122	0.093	-0.072	0.207	0.127	0.256	0.028	0.017	-0.123	-0.122	0.070	-0.102	0.041							
源頼朝	0.140	-0.116	-0.045	-0.104	-0.031	-0.013	0.015	0.123	0.246	0.316	-0.049	0.284	0.042	0.208	0.112	0.365	0.007	-0.203						
J.ブッシュ	-0.245	-0.158	-0.181	-0.263	-0.019	-0.068	0.050	0.054	0.239	0.132	0.264	-0.191	0.335	0.025	0.101	0.014	-0.185	0.327						
西郷隆盛	0.217	-0.027	0.045	-0.066	0.329	0.252	-0.021	-0.181	0.144	0.222	0.147	0.227	0.032	0.198	-0.004	0.013	0.172							
志位和夫	-0.100	0.480	0.397	0.634	0.035	-0.134	0.213	-0.057	0.195	0.326	-0.140	0.278	-0.193	0.292	0.055	0.239	0.112	-0.198	-0.223	0.189	-0.042			
中曽根康弘	0.267	-0.040	-0.144	-0.134	0.027	-0.140	0.205	0.326	0.025	-0.181	0.144	0.222	0.147	0.227	0.032	0.198	-0.004	0.013	0.172	-0.042				
田中真紀子	-0.112	0.192	0.397	0.213	-0.057	0.165	0.293	0.056	0.196	-0.043	-0.103	-0.064	0.296	-0.044	0.327	-0.121	0.191	-0.170	0.192	-0.014	0.257			
B.クリントン	-0.168	0.389	0.347	0.351	-0.050	0.146	-0.054	0.129	0.017	-0.113	0.000	0.281	0.063	-0.087	0.381	-0.043	0.034	-0.087	-0.044	0.191	-0.049	0.081	-0.024	
M.ガンジー	0.028	0.253	0.063	0.122	0.025	-0.211	-0.179	-0.164	-0.115	0.083	0.118	0.163	-0.327	-0.098	-0.076	0.104	0.036	-0.182	-0.028	0.076	-0.045	0.400	-0.158	-0.021

せは,「土井たか子」と「福島瑞穂」でその値は0.610, つづいて「福島」と「志位和夫」の0.527,「土井」と「志位」の0.504であった。この3名は, 自民党, 民主党と政策観にやや距離のある野党に所属しているという共通色が相関を高めたものと推測される。

つぎに,「安倍晋三」,「勝海舟」,「M. ガンジー」の3名をとりあげ, これらの人物と比較的高い(絶対値の意味で)相関係数を示す人物を, 表6-2から探してみよう。

現首相「安倍晋三」と最も相関の高い人物は, 前首相「小泉純一郎」(0.477)であり, つづいて「石原慎太郎」(0.405),「T. ブレア」(0.375),「J. ブッシュ」(0.329)となる。いずれも即断即決の政治家といってよいであろう。

いっぽう, 無血で江戸城を開城させた「勝海舟」は, 勝海舟との会談により長州・薩摩軍の江戸攻撃を防いだ「西郷隆盛」(0.421), および長く続いた江戸幕府政権を朝廷に返還するという"大政奉還"をなしとげた「徳川慶喜」(0.305)と比較的高い相関を有している。この他,「勝海舟」が「源義経」(0.329),「M. ガンジー」(0.327)といった人物と相関を持っている事もある程度理解できよう。

「M. ガンジー」は「勝海舟」の他に「西郷隆盛」(0.262)と正の相関が見られるいっぽう,「J. ブッシュ」との間には-0.266という比較的大きめの負の相関が見られる。これは, 100人の学生の「M. ガンジー」と「勝海舟」,「西郷隆盛」に対するイメージはほぼ類似しているが,「M. ガンジー」と「J. ブッシュ」に対するイメージは, むしろ相反していることを示すものといえようが, その理由については, 読者の慧眼にお任せしよう。

表6-2のように多数の相関係数が得られている場合, これ

第Ⅱ章 データに語らせる

らの変数を比較的イメージの類似した少数のグループに分類する手法がある。これについては，第24話の因子分析の項で解説する。

2値データの相関係数

ここで，2つの変数間の関連度を表す，もう1つの数値的尺度を紹介しよう。表4-1のデータは，1，2，3，4，5のいずれかの値をとるデータであったが，「好き」または「嫌い」のいずれかを選択するように回答してもらった場合，得られるデータは「2値データ」とよばれる。

表4-1の「小池」と「土井」に対するデータを，1と2の場合に「嫌い」，3，4，5の場合に「好き」と分類すると，「小池」と「土井」がともに「好き」な人が3名，ともに「嫌い」な人が4名，「土井」が「好き」で「小池」が「嫌い」な人が3名，「土井」が「嫌い」で「小池」が「好き」な人が0名となり，その結果は表6-3の左側のようにまとめられる。この表は2×2分割表（4分表）とよばれる。

ここで，「梨」と「桃」の好き嫌いに関する調査を実施し，その結果を表6-3の右側のように，2×2分割表の区切られた4ヵ所のそれぞれに a, b, c, d として記入したと想定し

小池\土井	好き	嫌い	合計	梨\桃	好き	嫌い	合計
好き	3	0	3	好き	a	c	$a+c$
嫌い	3	4	7	嫌い	b	d	$b+d$
合計	6	4	10	合計	$a+b$	$c+d$	$a+b+c+d$

表6-3 「土井」と「小池」の好き嫌いに関する2×2分割表（左）と一般の2×2分割表（右）

よう。このような2値データによって表現される2変数の相関係数（「点相関係数」とよばれる）は，

$$(ad-bc)/\sqrt{(a+c)(b+d)(a+b)(c+d)} \quad \cdots\cdots(2)$$

によって与えられ，先に示したピアソンの相関係数と同様に最大値は＋1，最小値は－1となる。

なお，上式で得られる点相関係数は，「梨」，「桃」が好きであれば1点，嫌いであれば0点を与えて得られるデータに基づいて計算される「梨」と「桃」の共分散を，それぞれの標準偏差の積で割って得られるピアソンの（積率）相関係数に一致する。

ここで，「小池」と「土井」の2値データの場合の点相関係数を計算してみよう。$a=3$，$b=3$，$c=0$，$d=4$を(2)式に代入すると，点相関係数の値は0.534となり，5段階評定で計算したピアソンの相関係数0.522の値に極めて近くなっている。

共通第1次学力試験の5教科間の相関係数

全国共通第1次学力試験は1979年（昭和54年）にスタートし，1990年（平成2年）には大学入試センター試験に受け継がれ，現在（2007年）に至っている。共通第1次学力試験開始後3年目にあたる，1981年のデータにより計算された5教科の成績間の相関係数を表6-4に示してある。

このように，複数教科間の相関係数を1つの表にまとめたものを，「相関係数行列」とよぶ。最も高い相関係数は理科と社会の間で0.642，最も低い相関は数学と国語の間で0.370となり，全部で10組ある相関係数の平均値は0.546と総じて高くなる。

ここで，英語と他の4教科との相関に注目してみよう。英語と最も高い相関を示すのは社会でその値は0.610，続いて理科

国語	国語				
社会	0.588	社会			
数学	0.370	0.500	数学		
理科	0.496	0.642	0.579	理科	
英語	0.543	0.610	0.565	0.569	英語

表 6-4 共通第1次学力試験5教科の成績間の相関係数行列（1981年）（出典：大学入試フォーラム　1983, 参考文献9）

で0.569，3番目が数学で0.565，最も低いのが国語で，その相関は0.543である。この結果，英語との相関係数の大きさは，文系科目と言われている社会と国語がそれぞれ1番目と4番目，理系科目と言われている理科と数学がそれぞれ2番目と3番目の大きさとなり，この結果は「英語は理系科目ではない」といった風説を否定するものといえよう。

英語で出題される，語彙の挿入，文の並べ替え等の設問は，文章理解力や読解力といった国語の試験で測定される学力と同時に，数学や理科で測定される論理的思考力に類似した能力も測定していると想像できるため，上記の結果は是認できるものであろう。

このように，2つの変数についての何らかの量的データが測定されている場合，相関係数の値はこれらの変数間の関連の度合いを示すもので，探索的なデータ解析において，相関係数の計算は必須の作業であるといっても過言でない。

第7話 データの尋問，見えなかったものが見えてくる！（シンプソンのパラドックス）

相関係数に関するいくつかの注意

第6話で相関係数の定義や計算法等について説明を行った。ところで，相関係数の計算にあたっては，さまざまな注意点がある。

例えば，男女共学のある高校で国語と数学の試験があり，男子50名，女子50名の成績データに基づいて国語と数学の成績の相関係数を計算したところ，男女とも0.5という比較的高い相関が得られたとしよう。このとき，男女を合計したデータから計算される相関係数も0.5になると考えてよいであろうか。

答えは否である。たとえ，男女の人数が同一であったとしても，男女込みにした相関係数の値は一般には0.5とはならず，極端な場合には相関係数の値が0となることも起こりうる。

図7-1からイメージできるように，数学の成績の平均値は女子に比べて男子が高く，国語の成績は男子に比べて女子が高い場合，男女込みにした国語と数学の相関は無相関に近くなることがある。

ところで，第6話の最後の部分で解説したように，相関係数は量的な数値で表される場合だけでなく，性別（男性を1，女性を2），薬の服用の有無（有を2，無を1），手術後の経過（良好を2，不変を1）など，2つの状態を表す1または2という値だけをとる2値データにおいても計算可能である。

ここで，ある疾病にかかって入院している患者（男性200名，女性180名）計380名に対しての架空データを，表7-1に示し

第II章　データに語らせる

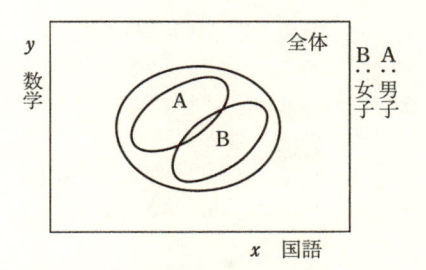

図 7-1　男女別に描かれた国語と数学の成績の散布図

経過＼処置	男性		女性		男女合計	
	有り	無し	有り	無し	有り	無し
良好	120	30	10	20	130	50
不変	40	10	50	100	90	110

表 7-1　シンプソンのパラドックスに関する3つの4分表

た。この表は，ある処置が「行われた（有り）」群と「行われなかった（無し）」群について，病状がどう変化したかをまとめたものである。すなわち，「処置」（有り，無し）と「処置後の経過」（良好，不変）といった2つの属性について，男女別に集計された2×2分割表と，男女をまとめた2×2分割表である。

いま，「処置の有無」と「経過の良し悪し」についての2値データの相関係数（点相関係数）を，第6話で与えた（2）式により計算すると，男性の場合も女性の場合も分子の値が

第7話

$120 \times 10 - 30 \times 40 = 0$, $10 \times 100 - 50 \times 20 = 0$

と,ともに0となるので,点相関係数は0となる。いっぽう,男性,女性を合わせた380名のデータについて点相関係数を計算すると0.275と比較的高い値となった。

それではこのような場合には,別々に計算した場合の結果と,データを込みにした場合の結果の,どちらを信用すればよいのだろうか。

一般に,データをまとめ上げてしまうと,部分的に存在する関係等がよく見えなくなってしまう場合が多い。逆に言えば,データが与えられた場合には,データ全体を調べるだけでなく,部分的な関係も把握できるように,属性やデータの値などによって,データをいくつかの部分集団に分けて(層別して)解析を行うことが重要なのである。

図7-1の例は,男女という属性により層別を行った場合には相関が発見できたが,男女込みにしてしまうと,無相関になってしまう例になっている。いっぽう,表7-1の例は,男性,女性別々に分析すると,相関が発見されなかったが,男女まとめると相関がみられるようになる例で,これらはいずれもシンプソンのパラドックスといわれている(Simpson 1951,参考文献6)。

さて上述の例は,2つの集団をまとめると,相関が現れたり,消失してしまう例を紹介したが,次に,層別化される集団が3つ以上ある場合についての数値例を紹介しよう。

図7-2は,最高血圧と最低血圧の散布図を20代,30代,40代,50代,60代と年齢階級別に表示したもので,それぞれの相関係数の値は0.369, 0.370, 0.485, 0.491, 0.531と,年齢が上昇するにつれ増加する。ここで,20〜60歳代をまとめて相関係数を計算すると0.671と大きくなるが,これは,全体の散布図

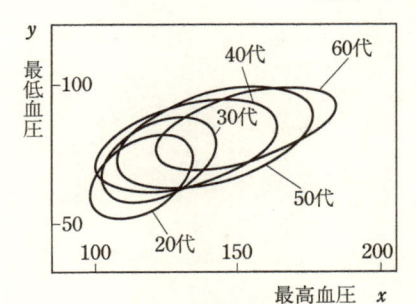

図7-2 年齢階級別の最高血圧と最低血圧の散布図

が年齢階級別の個々の散布図に比べてより細長くなることからも明らかである。

したがって，最高血圧と最低血圧の相関係数を計算する場合には，各年齢階級別に計算された相関係数は，全年齢階級のデータをプールして計算される相関係数に比べて低くなることを銘記しておく必要がある。

次に，2変数 x, y の測定値について相関係数を求める場合，一部のデータのみに基づいて計算された相関係数は，実際の相関係数より小さくなりやすいことに注意する必要がある。

このことに関連してよく引き合いに出されるのは，大学入試の成績（x）と大学入学後の成績（y）の相関関係である。この場合，x と y が図7-3のような相関関係をもつと想定することはできよう。しかし，このような散布図を実際のデータに基づいて描くことは不可能である。なぜなら，不合格者はその大学に入学できないから，入学後の成績のデータが得られないからである。そこで，仮に不合格者も全員入学させたと考えよ

第7話

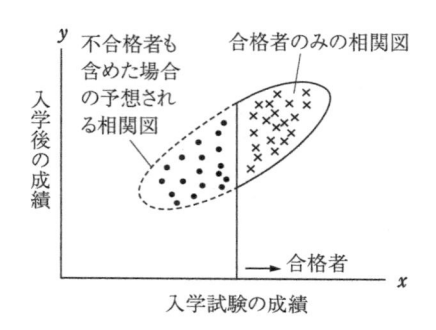

図7-3 一方の変数 (x) が切断されたデータの散布図

う。

このとき，図7-3から明らかなように，入学者のみに基づく相関係数は，受験者全員を仮に合格させたとして計算される相関係数より低くなるはずである。また図7-3から分かるように，競争倍率が高く，したがって合格者の割合が小さいほど，合格者のみのデータによって計算される x と y の相関係数は低くなり，場合によっては負の相関となってしまう場合も珍しくない。

このように，ある値より小さい（または大きい）値を持つデータが存在しない場合，それは「切断データ」とよばれる。相関係数を求めるデータにおいて，少なくとも一方が切断されている場合には，それに基づいて計算された相関係数の値は一般には低くなる。

上述したように，一般に入試倍率の高い大学ほど，入試成績と入学後の成績の相関係数が低くなるが，このことにより，"入試の成績と入学後の成績には関連がない"などという勘違

相関係数に与えるはずれ値の影響
[例1] 1組のデータが相関を著しく変える

相関係数に影響を与えるもう1つの重大な要因は,「はずれ値」の存在である。図7-4は,肝機能検査値として知られているGOTの値を,58組の親子のデータに基づいて描いたものである。

親のGOT値と子のGOT値の相関係数を計算すると0.87と非常に高い相関となり,肝臓病の遺伝性を示唆するデータといっても過言ではないように思える。ところが,図7-4の散布図の右上の1組の矢印をつけたデータを除外して計算してみると,相関係数の値は-0.14となってしまう。したがって,0.87という高い相関係数は,わずか1組のデータの強い影響によるものであることが分かり,肝臓病の遺伝性は否定される。

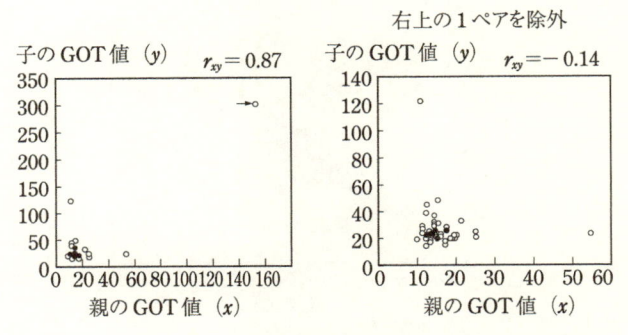

図7-4 はずれ値のある散布図(出典:柳井・高木 1995,参考文献28の図4-7)

[例2] 2次元的はずれ値

ここで，はずれ値に関するもう1つの例を考えてみよう。図7-5では，横軸が最高血圧，縦軸が最低血圧の値を表しており，相関係数の値は0.660と比較的高い。

図中で○印を付けた2つの点は，ともに最高血圧，最低血圧の値はきわめて異常な値ではないが，他のデータに比べると，最高血圧の値に比較して，最低血圧の値が低すぎる。したがって，これら2点は，最高血圧，最低血圧を個別に見ればはずれ値ではないが，最高血圧と最低血圧を同時に考えた場合，すなわち，2次元的に考えた場合にははずれ値（「2次元的はずれ値」とよぶ）となっているので，血圧に関する何らかの疾病に罹っているか否かについてさらに精査することが必要であろう。「2次元的はずれ値」は，2つの変数の平均からの距離（より正確には「マハラノビスの距離」（第25話参照）とよばれる）が，他のデータに比べて大きくなっている。

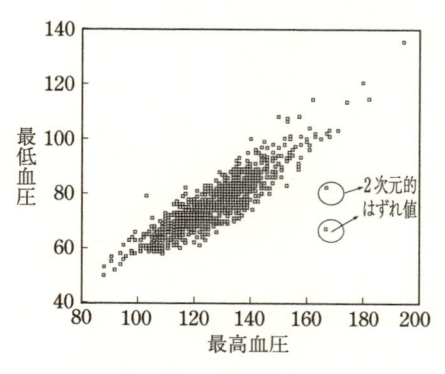

図7-5 最高血圧と最低血圧による2次元的はずれ値

第Ⅲ章
チャンスをはかる
―確率・確率分布の話―

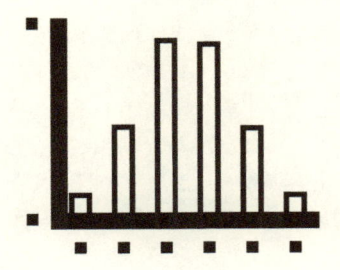

第8話 同一番号の宝くじ，7年間で2度も1等になった！（確率）

確率とは

サイコロには1，2，3，4，5，6と6つの目があり，それぞれの目が出ることは「基本事象」とよばれる。一般に，ある実験を行った場合，その結果のいくつかの集まりを「確率事象」，またはたんに「事象」という。確率とはこれらの事象に付与された数値のことで，0以上1以下の値をとる。

例えば，正確に作られたサイコロの目はすべて等しい可能性で出現すると仮定することには無理がないため，「サイコロをふってそれぞれの目が出る確率は1/6である」といってよい。このとき，サイコロの2の目が出る事象と，3の目が出る事象は，これら2つの事象が同時に起こることはないので，「排反事象」または「相反事象」とよばれている。

サイコロを投げた場合，「1，2，3，4，5，6のいずれかの目が出る」という事象の確率は，6つの基本事象の確率の総和で1となる。いっぽう，偶数の目，すなわち2，4，6のいずれかの目が出る事象と，3以下の目，すなわち1，2，3のいずれかの目が出る事象の確率は，ともに1/2であるが，前者と後者は排反事象ではない。なぜなら，2の目が出た場合には，前者の事象も後者の事象も同時に起こっているからである。

また，「サイコロをふって6の目が出ない」という事象は，「サイコロをふって6の目が出る」という事象に対する「余事象」とよばれ，前者の事象に与えられる確率5/6と，後者の

事象に与えられる確率 1/6 の和は 1 となる。一般に，ある事象に対する確率と，その余事象に対する確率の和は，1 になる。

ところで，サイコロを 2 回ふって，ともに 6 の目が出る確率は $(1/6)\times(1/6)=1/36$ となる。このように，1 回目の事象の結果が 2 回目の事象に影響を与えない場合，これら 2 つの事象は独立事象とよばれる。同様に考えると，サイコロを 2 回ふってともに 5 の目が出る確率も 1/36 であるから，2 回ふっていずれかの目が同一となる確率は $(1/36)\times 6=1/6$ となる。したがって，2 回ふって異なる目が出る確率は，その余事象の確率として $1-1/6=5/6$ と計算できる。

2 回ふって異なる目が出る確率は，次のように考えると即座に導かれる。

1 回目はどの目が出てもよい。したがって，2 回目に出る目が最初に出た目と重ならない確率だけを考えればよく，それは 1 回目に出た目の数を除く 5 つの場合を 6 で割った 5/6 となる。

次に，サイコロを 3 回ふって，どの目も重ならない確率を求めてみよう。この答えは，3 回目に出る目が，1 回目と 2 回目に出た目と重ならない確率であることに気づくことによって，$(5/6)\times(4/6)=5/9\approx 55.6\%$ となる。

実際にサイコロを 3 回ふってみたところ，出た目の数の組は，(5, 1, 3) であった。同様にして，サイコロを 3 回ふることを 9 回つづけてみたところ，それぞれ，出た目の数の組は (6, 2, 2)，(3, 2, 1)，(2, 2, 5)，(6, 3, 2)，(4, 4, 2)，(5, 2, 6)，(2, 3, 1)，(1, 1, 5)，(4, 5, 1) であった。

この場合，10 回のうち 6 回は，3 つの目がすべて異なる数字になり，その割合は 0.6 である。これは，先に示した理論的に

計算される確率0.556に近い。

同様に計算を進めると、4回、5回、6回サイコロをふったときに、同一の目が出ない確率は、それぞれ、$(5/9) \times (3/6) = 5/18 \approx 27.8\%$, $(5/18) \times (2/6) = 5/54 \approx 9.26\%$, $(5/54) \times (1/6) = 5/324 \approx 1.54\%$ となり、その値は、サイコロをふる回数の増加につれ、急激に減少する。したがって、これらの余事象の確率、すなわち、4回、5回、6回サイコロをふったときに、同一の目が出る確率は、それぞれ、72.2％、90.74％、98.46％となる。なお、7回サイコロをふると必ず同一の目がでるので、同一の目がでる確率は1になる。

このような確率計算を行うことにより、いっけん、まれにしか起こらないと思われるような事象が、実はまれでない頻度で起こりうることを示すことができる。

以下において、その2つの具体例を紹介しよう。

50人のパーティの参加者には、同一誕生日のペアが存在する！（誕生日の問題）

50人が参加したパーティにおいて、出席者の誕生日を尋ねたとき、それらの中で誕生日が同一である組（ペア）があった場合、それは驚くべき一致と考えてよいであろうか。これを調べるために、このようなことが起こる確率を計算してみよう。

この問題は、1から365までの数字が1枚ずつ書かれた365枚のカードの入っている箱から、1枚ずつカードを取り出してまたもとに戻すという操作を50回行ったとき、すべてのカードが重ならない事象の余事象の確率を求める問題に帰着される。

1回目にはどの数字が出てもよい。2回目にひいたカードが1回目にひいたカードの数字と重ならないためには、364通りの数字のカードが存在する。3回目にひいたカードが1回目、

2回目に出た数字と重ならないためには、365−2=363通りの数字のカードが存在する。このように考えていくと、50回目には、365−49=316通りとなる。

したがって、50回カードをひいて、いずれも異なる数字のカードが出る確率は、1回目、2回目、3回目、…、50回目に、それまでに出ていないカードをひく確率を掛け合わせることにより得られるが、その確率は

$$P = \frac{365}{365} \times \frac{(365-1)}{365} \times \frac{(365-2)}{365} \times \cdots \times \frac{(365-49)}{365}$$
$$= 0.029$$

となる。

この余事象の確率、すなわち、引いたカードを元の箱に戻すという操作を続けた場合、50回引いたカードに書かれてあった数字が少なくとも1回重なり合う確率 Q は、

$$Q = 1 - P = 0.971$$

となり、ほぼ100％に近くなることがわかる。したがって、50人の集まるパーティには、同一の誕生日のペアが少なくとも1組存在するといっても決して言い過ぎではない。

この結果は、次のように一般化することができる。いま、上の例における50という具体的な数字の代わりにこれを m とおくと、m 人のパーティで少なくとも1組が同じ誕生日である確率 $Q(m)$ は、次式によって与えられる。

$$Q(m) = 1 - \{365 \times 364 \times \cdots \times (365-m+1)\}/365^m$$

……(1)

$m=50$ のとき、同一の誕生日のペアが少なくとも1組存在する確率 $Q(50)$ は97.1％となることはすでに述べた通りであるが、パーティの参加者が50人より少ない場合はどうなるだろうか。少し計算を行ってみると、$m=40$ のときには89.12％、

$m=30$ のときには70.63%となり,同一誕生日のペアが存在する確率はやや減少するが,それでも予想以上に大きな値である。

ここで,この計算結果を用いて,小学校のある学年で30人学級が2クラスあったとき,そのいずれのクラスでも同一誕生日の生徒のペアが存在しない確率を求めてみよう。1つのクラスで,同一誕生日の生徒が少なくとも1組存在する確率が約70%であるから,2つのクラスともに1組も同一誕生日の生徒のペアが存在しない確率は,$(1-0.7) \times (1-0.7) = 0.09$ となり,それは10%以下であることが分かる。

それでは,同一の誕生日のペアが少なくとも1組存在する確率がほぼ1/2となるのは,パーティの出席者が何人の場合であろうか。その解答は23人(より正確にいえば22.9人)である。

箱にボールを投げ入れる実験

前項の(1)式で与えた $Q(m)$ の値を,実際に計算することはかなり煩雑である。そこで,ダイアコニスとモステラーが論文(Diaconis & Mosteller 1989, 参考文献8)で紹介している簡便な計算法を紹介しよう。

いま,何個かの箱にボールを投げ入れる実験を考える。m 人のパーティ参加者の中に同一誕生日の人がいる問題は,365個の箱に m 個のボールを投げたとき,ボールが同一の箱に入る問題と同じと考えてよいので,一般に,何個かの箱にボールを投げ入れる問題について考えてみよう。ただし,投げたボールが箱に入る確率は,どの箱においても同じであるとする。

ここでボール数は,箱の数に比べてずっと少ないとする。このとき,少なくとも2つのボールが同一の箱に入る確率が50%

第Ⅲ章 チャンスをはかる

となる「ボール数」と「箱の数」の関係式は、近似的に次式で与えられる（証明は付章「発展１」を参照）。

　ボール数 ＝ 1.2 × $\sqrt{箱の数}$ ……（２）

また、少なくとも２つのボールが同一の箱に入る確率が90％となる場合の関係式は、次式で与えられる。

　ボール数 ＝ 2.1 × $\sqrt{箱の数}$ ……（３）

ここで、箱の数を365とおくと、（２）式による場合のボール数は22.9となり、また（３）式による場合のボール数は40.1となる。つまり、あるパーティに23人が集まれば、同じ誕生日のペアが存在する確率は50％を超え、40人のパーティであれば、約90％の確率で同じ誕生日のペアが存在することになる。

ところで、参加者が80名を超すような大きなパーティの場合、同じ誕生日のペアがほぼ確実に存在することはいうまでもないが、参加者のいずれか３名が同一誕生日である場合も少なくない。ここでは計算法の詳細は省略するが、上に示したダイアコニス他の論文の表３には、次のような数値が与えられている。

すなわち、88名の参加者があれば、３名が同一誕生日である確率が50％、187名の参加者があれば、４名が同一誕生日である確率が50％となる。

それでは、誕生日が１日違いとなるペアが存在する確率が50

c	3	4	5	6	7	8	9	10	11
m	88	187	313	460	623	798	985	1181	1385

表8-1 同一誕生日の人数 c と、それが50％の確率で存在するパーティの参加者 m の関係

第8話

％となるには，何人がパーティに参加すればよいであろうか。計算の詳細は省略するが，その答えは14人ときわめて少数となる。また，7人が集まれば，その中に誕生日が1週間以内であるペアが存在する確率が50％となる。

同一組同一番号の宝くじの1等になる確率は？

上記の公式（2）および（3）は，次のような問題にも適用可能である。例えば2000年1月から全国20ヵ所のそれぞれで毎月1回，番号100000から199999，組番号1〜20の計200万本の宝くじ（1本100円とする）が発売されたとしよう。これら200万本の宝くじの当たりは，1等1本1000万円とする。また，当せん番号は各ヵ所で発売される宝くじの中から，毎月独自に決められるものとする。このとき，2000年1月から20ヵ所のいずれかで発売されたすべての宝くじの中で，同一組同一番号の1等がでる確率が50％となるには，「何年何ヵ月」かかるかという問題である。

このとき，（2）式において「箱の数」を200万とすれば，1697（≈$1.2 \times \sqrt{2000000}$）個のボールのいずれかが同一の箱に入る確率が50％となることから，毎月20ヵ所で宝くじが発売されていることを考慮すると，その答えは84.9（＝1697/20）ヵ月，ほぼ7年1ヵ月となる。すなわち，約7年に1回は，その間に発売されたすべての宝くじの中に同一組同一番号の1等が50％の確率で出現することになる。

また（3）式を用いると，「箱の数」を200万としたとき，2970（≈$2.1 \times \sqrt{2000000}$）個のボールのいずれかが同一の箱に入る確率が90％となる。このことから，毎月20ヵ所で宝くじが発売されることを考慮すると同一組同一番号の宝くじが1等になる確率が90％となるには約12.4年かかる。

第Ⅲ章 チャンスをはかる

　ここで,「200万個の箱に1697個のボールを投げ入れたとき,いずれかの箱に2つ以上のボールが入る確率が50%になる」ということを,見方を変えて考えてみよう。このことは,同一の200万人が1本100円の宝くじを1697回買い続けるとした場合,宝くじを買い続ける同一の200万人を,宝くじと同様に20組に分けてそれぞれの組に所属する人に100000から199999までの番号をつけるものとすれば,この中のある人（1名）が2回1等にあたる確率が50%となることを意味する。もちろん,この人を含む200万人のそれぞれが宝くじを1697回,1本ずつ買うために17万円弱の投資を余儀なくされるが。

　同様な考え方により,ダイアコニスとモステラーは,アメリカのどこかで誰かが2度宝くじの勝利者になるという一見奇跡的に思える事象について考察し,そのような事象が7年間に1回,50%以上の確率で起こることを示している。

　統計学には,1回の試行では起こることがまれな事象でも,標本数が大きくなると起こりやすくなるという法則がある。この事象はいつ起こってもよく,また,その事象が起こる特別な原因は存在しないのである。

第9話 でたらめな数の集まり，一体何の役に立つ？（乱数）

乱数とは？

「乱数」とは，0，1，…，9からなる数字の列で，どの数字も出現する頻度が同程度であり（等出現性），かつ数字の現れ方にいかなる規則も存在しない（無規則性）という性質を満たすものである。このような数字の列においては，あるところまでの数字の列が与えられたとしても，次に出る数字を推測するキーは何もないという意味で，最大限の不確実性（混沌さ）を示すと考えられている。

1927年にティペットという統計学者が，『ランダムに抽出された数』と題する本を著した。その内容は，4個ずつに区切られた0から9までの数字41600個を26ページにわたって配列したものであるが，これらの数字はイギリスの国勢調査の報告に与えられた各教区の面積を表す数字から，最初と最後の2桁ずつを除去して得られたとされている。この本は，意図せずに集められた数を並べただけのものであるが，当時の専門書の中でのベストセラーであった。

乱数の本！　この意味のないもの，でたらめな数の集まり，事実でもなければフィクションでもないもの，それはいったい何の役に立つのだろうか？　科学者達はなぜそれに興味を感じるのだろうか？

とにかく，乱数は20世紀の代表的な発明の1つであり，それは現実世界のさまざまな問題を解決する際に乱数が必要となることから生まれたものである。まことに奇妙な話ではあるが，

第Ⅲ章　チャンスをはかる

不確実性をともなうデータから有用な情報を抽出するための方法論は，次に何が出るかまったく予測できないという意味で，最大限の不確実性を示すと考えられるランダムな数の列「乱数」を用いることと深く関係している。

乱数の生成法

当初，乱数の利用は，乱数表を用いることにより行われていた。乱数表とは，表9-1（88ページ）にあるように，0～9の1桁の乱数が表の形式に並べられたものである。

しかし，後述するような複雑な問題では，大量の乱数を用いる必要がある。このような場合には，いちいち乱数表をひくなどということはできないため，長い間，複雑で大規模な問題を取り扱うことはできなかった。

しかし，コンピュータの出現により，一定の計算アルゴリズムにしたがってコンピュータの中で乱数を発生させることが可能になった。

いま，

$x_{n+1} = 3 \cdot x_n + 1 \mod(7), \ x_0 = 1$

という計算式を考えてみよう。

まず $n=0$ とすると，

$x_1 = 3 \cdot x_0 + 1 = 3 \cdot 1 + 1 = 4$

と計算できる。次に $n=1$ とすると

$x_2 = 3 \cdot x_1 + 1 = 3 \cdot 4 + 1 = 13$

となるが，mod(7) という記号は，計算結果（いまの場合は13）を7で割った余り（いまの場合は6）を取り出すことを意味しているので，$x_2 = 13$ ではなく，$x_2 = 6$ となる。

以下同様に計算していくと，$x_3 = 5$，$x_4 = 2$，$x_5 = 0$，$x_6 = 1$ となる。ところで $x_6 = 1 = x_0$ であるから，ここから先は 1，4，

6，5，2，0という数字列が繰り返し現れることになる。

これから分かるように，計算式を用いて次々に計算された数字の列には，必ず規則性があるため，〝数字の現れ方にいかなる規則も存在しない（無規則性）〟という乱数の性質を完全には満たしていない。しかし計算式の係数（上の場合は3，1）や，初期値とよばれるx_0，法とよばれるmodの値（上の場合は7）を適当に選ぶと，数字列の繰り返しの長さ（周期とよばれる）を非常に長く，例えば10^{10}などとでき，また各数字の出現頻度もほぼ同程度にできることが知られている。

このようにしてコンピュータによって次々に生成される乱数まがいの数字の列を，「擬似乱数」とよんでいる。

0～9の乱数を発生することができると，それらから0以上で1より小さい（区間 [0, 1) と書く）擬似的にでたらめな実数を，必要な桁数で発生させることも可能になる。このような乱数は区間 [0, 1) 上の「一様乱数」とよばれているが，その生成のアルゴリズムは簡単である。

たとえば，与えられた1桁の乱数列が，3，5，2，4，8，1，… だったとしよう。いま区間 [0, 1) 上の2桁の乱数が必要だとすれば，上の乱数列の最初から順番に2つずつをとって，0.35, 0.24, 0.81, … などとすればよい。もし3桁の乱数が必要ならば，上と同様にして，0.352, 0.481, … とすればよい。まとめてとる個数を多くすれば，それだけ密な（桁数の多い）一様乱数が得られることになる。

乱数の利用——モンテカルロ法

ここでは，乱数利用の代表例と考えられる「モンテカルロ法」について紹介するが，乱数の利用はこれ以外にも，標本調査におけるデータ抽出への適用，2種類の治療法の差を検出す

るための実験計画法への適用，クレジットカードの情報伝達における秘匿への適用，等々がある。

乱数の利用に最初に気づいたのは，イギリスの数学者で初期の頃の統計学の理論や方法に大きな貢献をしたカール・ピアソン（Pearson, K.）である。正確な解が求めにくい複雑な確率や統計の問題を解くために，乱数を使用した。

このような方法は「モンテカルロ法」や「シミュレーション法」とよばれ，いまや統計学のみならずすべての科学の分野において，複雑な数値的問題を解くための標準的方法になっている。モンテカルロ法という名前は，賭博で有名な国モナコのモンテ・カルロから名づけられたとする説もある。

四分円の面積の近似値

乱数を用いて複雑な問題を解く方法としてのモンテカルロ法とは，どんな方法なのだろうか。また，その方法によって求められた数値的な解が，なぜその問題の真の解と見なせるのだろうか。これを説明するため，半径 1 の四分円の面積（$\pi/4 = 0.785398\cdots$）を求めるという簡単な問題を考えてみよう。

まず，適当な桁数を持つ区間 $[0, 1)$ 上の 2 個の一様乱数 x, y を求め，これをペアにした組 (x, y) を生成する。次に，このような一様乱数の組 (x, y) を繰り返し生成し，そのうち四分円のなかに入った（$x^2 + y^2 \leq 1$ となった）割合を求める。いま，一様乱数の組を n 個発生させ，そのうち k 個が四分円の中に入ったとしよう（図 9-1 参照）。

このとき，n を大きくするにつれて

$$(正方形の面積) \times \frac{k}{n} = 1 \times \frac{k}{n} = \frac{k}{n}$$

の値が四分円の面積に近づくことが知られている。

第9話

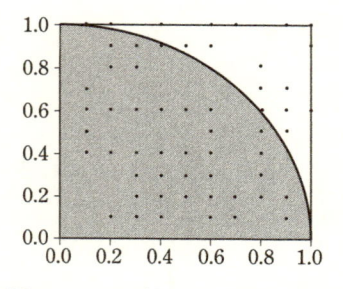

図 9-1　四分円に入る点の割合

　実際計算を行ってみると，例えば次のようになり，n を大きくするにつれて真の解0.785398…に近づいていく様子がうかがえる。

n	100	10000	1000000
k/n	0.75	0.789	0.7850

　なお，この実験結果を用いると，円周率 π の近似値が求められる。すなわち，半径1の四分円の面積は理論的には $\pi/4$ だから，実験で得られた四分円の面積の近似値，例えば0.7850を4倍することにより，$\pi \approx 3.140$ が得られる。

　ところで，上のようにして求めた近似値 k/n が，n を大きくしていくと真の解 $\pi/4$ に近づくかどうかという問題は，本質的にはサイコロを投げて1の目が出る割合が，投げる回数を大きくすると 1/6 に近づくかどうかという問題と同じことである。

　サイコロ投げ実験の場合には，われわれは経験から 1/6 に近づくことを知っている。それを理論的に保証しているのは，

確率論における「大数の法則」とよばれる定理である。

　上で考えた問題は、四分円の面積を求めるという簡単な問題であり、モンテカルロ法を用いなくても解くことはできる。しかし、数学的にはその面積が求められないような複雑な曲線で囲まれた部分の面積を求めたい場合などには、乱数を利用したモンテカルロ法によって面積の近似値を求める以外に方法はない。これらの問題は、面積を求めるという確率的に変動する要素が何も含まれていない、いわば決定論的な問題を、乱数を用いて解く例である。

窓口で待つ客の数

　しかしモンテカルロ法は、確率論的な問題にも適用可能であり、むしろこのような場合に威力を発揮するのである。ここで簡単な例をあげてみよう。いま、窓口が1つの郵便局に、次々と客が到着する状況を考え、窓口で待つ客の数（待ち行列の長さ）がどのように変化するかという問題を、乱数を用いるモンテカルロ法を適用して考えてみよう。

　客の到着間隔（分）は、表9-1の乱数表の第4行目の数字を、2つずつ次のように読むことにする。

　　4.5, 1.0, 7.5, 8.0, 8.1, …

次に窓口で客に依頼された業務を処理する時間（分）は、表9-1の乱数表の第5行目の数字を、2つずつ次のように読むことにする。

　　9.9, 6.8, 1.8, 1.2, 9.5, …

　これらの数値を使って、待っている客の数の変化を調べてみよう。最初の状態での時刻を0とし、窓口に客は一人もいないとする。

　まず4.5分後（時刻4.5）に、最初の客が到着する。その客の

第9話

12159	66144	05091	13446	45653	13684
30156	90519	95785	47544	66735	35754
59069	01722	53338	41942	65118	71236
45107	58081	82470	59407	13475	95872
99681	81295	06315	28212	45029	57701
27252	37875	53679	01889	35714	63534
93259	74585	11863	78985	03881	46567
84068	43759	75814	32261	12728	09636
68582	97054	28251	63787	57285	18854
60646	11298	19680	10087	66391	70853
97437	52922	80739	59178	50628	61017
58009	20681	98823	50979	01237	70152
77211	70110	93803	60135	22881	13423
54256	84591	65302	99257	92970	28924
37493	69330	94069	39544	14050	03476
87569	22661	55970	52623	35419	76660
22896	62237	39635	63725	10463	87944
02697	33230	64527	97210	41359	79399
50080	15652	37216	00679	02088	34138
20550	95151	60557	57449	77115	87372
72771	11672	67492	42904	64647	94354
38472	43379	76295	69406	96510	16529
24511	56510	72654	13277	45031	42235
01054	06674	58283	82831	97048	42983
94437	94907	95274	26487	60496	78222

表 9 - 1 乱数表

処理には9.9分かかるから、その処理が終わるのは時刻14.4（＝4.5＋9.9）である。この間、2番目の客が時刻5.5（＝4.5＋1.0）に到着するが、まだ1番目の客の処理が終わっていないので、この時点で待っている人数は1となる。さらに、3番目の客が時刻13.0に到着するが、この時点でもまだ1番目の客の処理が終わっていないので、待っている人数は2となる。この後、時刻14.4に1番目の客の処理が終わるから、2番目の客の処理に移って待っている人数は1となり、その処理が終わるのは時刻21.2（＝14.4＋6.8）である。

4番目の客の到着は時刻21.0（＝13.0＋8.0）であるから、時刻21.0から21.2の間は、待っている人数は再び2となる。時刻21.2からは3番目の客の処理が始まり、それは時刻23.0（＝21.2＋1.8）に終わる。5番目の客の到着は時刻29.1（＝21.0＋8.1）であるから、時刻23.0ではまだ窓口に到着していないので、この時点で待っている人数は1となる。4番目の客の処理は時刻23.0に始まり、時刻24.2（＝23.0＋1.2）に終了するが、このとき5番目の客はまだ到着していない。したがって時刻24.2から29.1までの間は、待っている人数は0となる。

この操作を続けていけば、乱数を用いて窓口で待っている客の数の模擬実験（シミュレーション）を行うことができる。このようにして、確率的な要素（上の例では客の到着間隔と窓口での処理時間）を含む問題を、乱数を利用して数値実験的に解決する方法は「確率論的な問題に対するモンテカルロ法」とよばれており、複雑な現実の問題を解く上できわめて有用な方法である。

上述の例では、客の到着間隔も処理時間も、ともに乱数表にある数値をそのまま用いたが、例えば駅の窓口での到着間隔や処理時間は、これよりずっと短いかもしれない。そのような場

合には，乱数表の数値をそのまま使うのではなく，例えばそれを0.1倍した数値を用いるなどの工夫をする必要がある。より一般的には，到着間隔や処理時間の分布を考え，それらの分布にしたがう乱数を用いて数値実験を行う。

このモンテカルロ法を現実の問題に最初に適用したのは，現代コンピュータの基礎を築いたフォン・ノイマンであり，1945年頃に中性子が物質中を動き回る様子を解明する方法を考案した。

現在では，複雑な関数の定積分，待ち時間，伝染病の伝播，伝票処理時間，電話回線数，在庫管理，核反応等々の問題に適用され，コンピュータ能力の進展とともに，さまざまな分野でめざましい成果をあげている。

第10話 ガン検診で要精検,でも落ち込まなくてもいい!?(ベイズの定理)

ガンの集団検診

過去の統計によれば,ある種のガン(例えば胃ガン)の集団検診を受ける人のうち,年齢によってその程度は異なるものの,1000人に1人程度がガンにかかっているという。

ガンの集団検診を受けて精密検査が必要(要精検)と判定されたとしても,本当にガンと宣告されたわけではないので,必ずしも落ち込む必要はなかろう。しかしかなり不安に思う人は少なくないだろう。この場合,本当にガンである確率はどの程度なのだろうか?

まず,集団検診でガンを発見できる可能性,すなわち検出の精度について考えてみよう。集団検診では多少でも疑わしい場合には「要精検」と判定するので,本当にガンにかかっている人が見逃される確率を,1割以内としよう。逆にいえば,ガンの人が要精検と判定される確率は9割以上と考えてみる。

また,本当はガンにかかっていない人が要精検となる確率は1割程度とされている。このように,集団検診におけるガンの検出確率は0.90以上,誤って要精検に回される確率は0.10程度であり,これから判断すると集団検診のガン検出精度はかなりよいと考えられよう。したがって,このように精度のよい検診で"要精検"とされたのだから,きっとかなりの確率で本当にガンであると考える人は多いだろう。

第10話

事象と条件付き確率

ここでこの問題を，確率の知識を用いて考えてみよう。いま，「集団検診を受けた中でガンである人たちの集まり」をA，「集団検診の結果要精検と判定された人たちの集まり」をBと表す。このAやBのように，ある性質を持つ人やものの集まりのことを，一般に「事象」とよぶ。また，集団検診を受けた人がガンであるとき「事象Aが起こる」といい，ある人の検診結果が要精検であるとき「事象Bが起こる」という。

次に事象の起こる確率について説明しよう。

一般に，ランダムに選ばれた人やものが，ある事象Eに属する確率を"事象Eが起こる確率"とよび，$P[E]$と表す。この問題の場合には，過去の統計より集団検診受検者の1000人に1人程度がガンにかかっているのだから，事象Aが起こる確率は約 1/1000 であり，

$P[A] \approx 0.001$

と書ける。

では，「集団検診におけるガンの検出確率は0.90以上」ということは，事象や確率の記号を用いてどのように表せるだろうか。これは，ランダムに選ばれた人がガンであったとき（すなわち事象Aが起こったとき），その人の検査結果が要精検と判定される（すなわち事象Bが起こる）確率が0.90以上であることを意味している。このような確率は，Aが起こったときのBの起こる条件付き確率とよばれ，

$P[B|A]$

と表される。すなわちこの場合は，

$P[B|A] \geq 0.90$

である。

これと同様に考えれば，「誤って要精検に回される確率は

0.10程度」とは，ランダムに選ばれた人がガンでなかったとき（すなわち事象Aが起こらなかったとき），その人の検査結果が要精検と判定される（すなわち事象Bが起こる）確率が0.10程度であることを意味している。

いまAが起こらないという事象を$\overline{A}$と書くことにすれば，この確率は$\overline{A}$が起こったときのBの起こる条件付き確率となり，

$P[B|\overline{A}] \approx 0.10$

と表せる。ただし$\overline{A}$は，Aの余事象とよばれている。

ここで，確率の記号とその意味を整理しておくと，次のようになる。

$P[A]$：ある人がガンである確率

$P[\overline{A}]$：ある人がガンでない確率

$P[B|A]$：ガンの人が，要精検となる確率

$P[B|\overline{A}]$：ガンでない人が，要精検となる確率

事前確率と事後確率

さてこのような記号を使えば，我々が知りたい確率はどのように書けるだろうか。

求める確率は，「要精検と判定されたとき（事象Bが起こったとき），本当にガンである（事象Aが起こる）確率」であるから，Bが起こったときのAの起こる条件付き確率$P[A|B]$である。

ここで注意してほしいのは，$P[B|A]$の値は0.90以上と与えられているが，知りたい確率はAとBが逆になった条件付き確率となっている点である。

この確率は，基本的には事象Aが起こる（すなわちガンである）確率であるが，事象Bが起こった（すなわち要精検と判定された）との情報が得られた後での事象Aの起こる確率

$P[A|B]$ であり,「事後確率」とよばれる。これに対して, 情報が得られる前における事象Aの起こる確率 $P[A]$ は,「事前確率」とよばれている。

事後確率を求めるためのベイズの公式

ここで再度問題を整理すると, 事前確率 $P[A]$ と条件付き確率 $P[B|A]$, $P[B|\overline{A}]$ の値が与えられたとき, 事象Aの起こる事後確率 $P[A|B]$ を求めることが問題である。すなわち $P[A|B]$ を, $P[A]$, $P[B|A]$, $P[B|\overline{A}]$ を用いて表すことが我々の目標である。

ところでAの余事象 $\overline{A}$ の起こる確率は, 事象Aの起こらない確率であるから,

$$P[\overline{A}] \approx 1 - 0.001 = 0.999$$

と計算できるから, この値も用いてよい。

このとき我々の知りたい事後確率 $P[A|B]$ は, 次の式によって与えられることが知られているが, これはベイズの公式とよばれている。

$$P[A|B] = \frac{P[A \cap B]}{P[B]} = \frac{P[A] \cdot P[B|A]}{P[A] \cdot P[B|A] + P[\overline{A}] \cdot P[B|\overline{A}]}$$

この公式のイメージを図示すると, 図10-1のようになる。

この図では, 集団検診の受検者全体をS（外側の長方形）, その中でガンである人の集まりをA（S内の左側の円）, 要精検と判定された人の集まりをB（S内の右側の円）で表している。

このとき, 求める確率 $P[A|B]$ は, Bの円内での $A \cap B$（図中の斜線部分）の割合と考えられる。各事象を, このような形式で表したものはベン図とよばれている。

第III章　チャンスをはかる

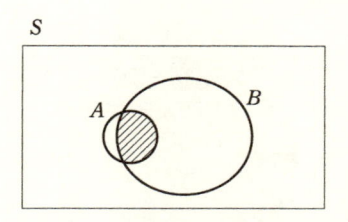

図10-1　ガンの集団検診の例に対するベン図

本当にガンの確率は？

さてここでこの式を用いて，我々の知りたい確率，すなわち集団検診で要精検と判定されたときに，本当にガンである確率を求めてみよう。与えられた条件は $P[A] \approx 0.001$，$P[B|A] \geq 0.90$，$P[B|\overline{A}] \approx 0.10$ であるが，近似的に $P[A]=0.001$，$P[B|A]=0.90$，$P[B|\overline{A}]=0.10$ として計算を行うと，次のようになる。

$$P[A|B]=\frac{0.001\times 0.90}{0.001\times 0.90+0.999\times 0.10}=\frac{90}{10080}\approx 0.0089$$

すなわち集団検診で要精検と判定されたとしても，本当にガンである確率は約0.9％しかないのである。前項で述べたように，この集団検診のガン検出精度はかなりよいと考えられるにもかかわらず，本当にガンである確率が１％にも満たないのは，直感的にはおかしな感じがするかもしれない。そこで次にこの理由について考えてみよう。

上述の計算式を見ると，分子の値と比較して分母の値が非常に大きいが，その原因は上記の式の分母における 0.999×0.10 の項の値が，分子の値 0.001×0.90 と比較してきわめて大きいことに起因していることが分かる。

第10話

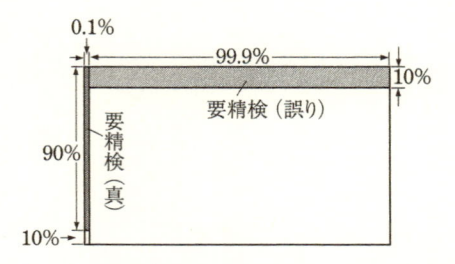

図10-2 要精検のなかでガンである人の割合

つまり、本当はガンでない人を要精検とする確率は10%とそれほど大きくはないが、もともとほとんど（99.9%）の人がガンではないので、要精検とされるのは圧倒的に多いガンでない人たちが誤って精密検査に回される場合がほとんどなのである。

これに対して本当にガンである人たちが要精検とされる確率は90%と高いが、もともとガンである人はほとんどいない（0.1%）ので、要精検とされた人たちの中で本当にガンである人の割合はきわめて低いことになるのである。

この状況は図10-2に示されている。

図の長方形の中にある左側の縦線は、本当にガンである人（0.1%）とガンでない人（99.9%）を分割する線である。左側の細長い長方形は、ガンである人の集団を表しており、その中で要精検と判定される人の集団が網掛けで示されている。右側の大きな長方形は、ガンでない人の集団を表しており、その中で要精検と判定される人の集団が網掛けで示されている。

このとき求める確率は、網掛けを施した部分の中で、左側の細長い長方形の網掛け部分であり、その割合は極めて小さいことが分かるだろう。

第11話 試験ですべてランダムに解答，何点とれる？（2項分布）

2項分布とは

コインを投げて，表が出るか裏が出るかを観察することを5回繰り返すとしよう。このとき，どのような結果が得られるであろうか。

コインがかたよりなく作られていれば，表が出る確率も，その余事象である裏が出る確率も等しく，その値は1/2である。また，1回目にコインが表または裏になるという事象は，2回目，3回目に起こる事象とはまったく関係がない。したがって，5回とも表，あるいは5回とも裏になる確率は$(1/2)^5=1/32$となる。

極端な例で，コインを100回投げて，全て表が出たとしても，このことは次の101回目の試行で表が出る確率にはまったく影響を与えることはなく，その確率は1/2である。

このようなコイン投げの試行は「2項試行」とよばれるもので，①各回の試行（実験）ではある事象Aが起こるか否かだけに注目し，②各回の試行結果は，それ以外の回の試行結果には関係なく，独立であり，③各回の試行において事象Aの起こる確率p（コイン投げの場合には1/2）が一定であるような試行をいう。

ここで，コインを5回投げて表が1回だけ出る確率を計算してみよう。表がちょうど1回出るという場合は，表が①1回目に出る，②2回目に出る，③3回目に出る，④4回目に出る，⑤5回目に出る，のいずれかであり，合わせて5回ある。それ

第11話

ぞれの場合，残りの4回は裏となり，したがってその確率は $5\times(1/2)^5=5/32$ となる。

次に，表が2回現れる確率を考えよう。表が2回出る場合，裏は3回現れることになる。表が1回目と2回目に出た場合には，3，4，5回目は裏でなければならず，その確率は $(1/2)^5=1/32$ となる。しかし，表が2回出る場合は，1回目と2回目に加え，1回目と3回目，1回目と4回目，1回目と5回目，さらに2回目と3回目，2回目と4回目，2回目と5回目，3回目と4回目，3回目と5回目，そして4回目と5回目の合計10通りの場合があるため，その確率は $10\times(1/2)^5=5/16$ となる。

以上2つの例から分かるように，5回投げて表が1回出る場合の数は5，すなわち $_5C_1=5$ であり，同様に表が2回出る場合の数は $_5C_2=10$ となる。これらは，それぞれ，5つのものから1つ，または2つを取り出す場合の数で，「組み合せ数」とよばれている。

ここで，n 回の2項試行で，注目している事象Aが起こる回数 X を考える。毎回の試行で事象Aが起こる確率を p とする。X は試行結果に依存して 0，1，…，n のいずれかの値をとる変数で，このような変数は「確率変数」とよばれる。ある事象が起こる回数 X が x（0から n までのいずれかの整数）となる，すなわち $X=x$ となる確率は

$$P[X=x]={}_nC_x p^x(1-p)^{n-x} \quad\cdots\cdots(1)$$

で与えられる。

ここで $_nC_x$ は，n 個のものから x 個を取り出す「組み合せ数」で，

$$\frac{n!}{x!(n-x)!}$$

によって計算される。すなわち $_nC_x$ は,

   n の階乗 $n! = n \times (n-1) \times \cdots \times 2 \times 1$

を, x の階乗 $x!$ と $(n-x)$ の階乗 $(n-x)!$ の積で割ったものである。

このとき,「(1)式で示される X は2項分布にしたがう」,あるいは,「X の分布は2項分布である」という。

ここで $_nC_x$ の値を, $n=1\sim4$ について求めてみよう。

$n=1$ のとき $x=0, 1$ のいずれかで

   $_1C_0=1, \quad _1C_1=1$

$n=2$ のとき $x=0, 1, 2$ のいずれかで

   $_2C_0=1, \quad _2C_1=2, \quad _2C_2=1$

$n=3$ のとき $x=0, 1, 2, 3$ のいずれかで

   $_3C_0=1, \quad _3C_1=3, \quad _3C_2=3, \quad _3C_3=1$

$n=4$ のとき $x=0, 1, 2, 3, 4$ のいずれかで

   $_4C_0=1, \quad _4C_1=4, \quad _4C_2=6, \quad _4C_3=4, \quad _4C_4=1$

となる。

$n=5, n=6$ についても同様に計算し, これらの数値を見やすく表示したものが図11-1である。これは「パスカルの三角形」として知られているもので, 例えば $n=5$ の場合の真ん中

			1			
① $n=1$			1 1			
② $n=2$			1 2 1			
③ $n=3$		1	3 3	1		
④ $n=4$		1	4 6 4	1		
⑤ $n=5$	1	5	10 10	5	1	
⑥ $n=6$	1	6	15 20 15	6	1	

図11-1 パスカルの三角形

第11話

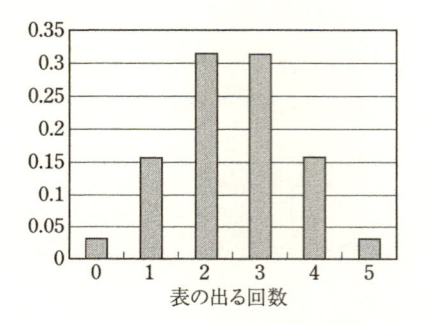

図11-2 コインを5回投げて表の出る確率

4つの組み合せ数である5, 10, 10, 5は, $n=4$ の場合の組み合せ数である1と4, 4と6, 6と4, 4と1, それぞれの和になっている。この関係を $n=2$ から順次利用すると, 組み合せの数が容易に計算できる。

先に示したコインを5回投げて, 表が0回, 1回, 2回, 3回, 4回, 5回出る確率を (1) 式を使って計算し, それを棒グラフの形式で表すと, 図11-2が得られる。

2項分布の平均・分散

2項分布のように, 確率変数 X のとりうる値が 0, 1, 2, 3, …と離散的（とびとび）であるとき, X を「離散型確率変数」とよび, X のしたがう分布を「離散型確率分布」とよぶ。

いま, X のとりうる値を $x=0, 1, 2, …, n$ とし, $X=x$ となる確率を x の関数と考えて

$$f(x) = P[X=x]$$

とおく。このとき, $f(x)$ が次の2つの条件を満たすとき, そ

100

れを X の確率関数とよぶ。

(i) $f(x) \geq 0$ $(x=0, 1, 2, \cdots, n)$
(ii) $f(0)+f(1)+f(2)+\cdots+f(n)=1$

ここで，確率変数 X の平均と分散とよばれる量を定義しよう。まず確率変数 X の平均 μ（ミュー）は $\mu=E[X]$ と定義される。ただし $E[X]$ は X の期待値とよばれ，

$$E[X]=0\times f(0)+1\times f(1)+2\times f(2)+\cdots+n\times f(n) \quad \cdots\cdots(2)$$

によって与えられる。すなわち，離散型確率分布にしたがう確率変数 X の平均 $\mu=E[X]$ は，X の値 x とその値をとる確率 $f(x)$ を掛け合わせ，X のとりうる値すべてについて和をとった量として定義されるもので，第4話で定義された標本から計算される標本平均 $\bar{x}$ とは区別される。この意味で，標本から計算される量と，確率変数によって定義される量との相違をしっかり区別しておくことはきわめて重要である。

ここで，図11-2に示された2項分布の確率を分数の形式で表し，その和を求めると

$$\frac{1}{32}+\frac{5}{32}+\frac{10}{32}+\frac{10}{32}+\frac{5}{32}+\frac{1}{32}=1$$

となり，上記の（ii）を満たすことが分かる。これはどのような2項分布についても成り立つ性質である。コインを5回投げて表の出る平均は（2）式を用いて計算すると

$$0\times\frac{1}{32}+1\times\frac{5}{32}+2\times\frac{10}{32}+3\times\frac{10}{32}+4\times\frac{5}{32}+5\times\frac{1}{32}=\frac{80}{32}$$
$$=2.5$$

となる。

ところで，(1)式で与えられる一般の2項分布にしたがう確率変数 X の平均は，

第11話

$$\mu = np$$

と計算されるが，上で求めた値2.5は，$n=5$, $p=1/2$ とおけば直ちに計算できる。

次に，確率変数 X の分散とは，X の値 x と平均 μ の差の平方 $(x-\mu)^2$ に $X=x$ となる確率 $f(x)$ を掛け，X のとりうる値すべてについての和として定義される。第4話で与えた標本から計算される分散 s^2 と区別して，σ^2（シグマ2乗）と書くことにすれば，この値は

$$\sigma^2 = (0-\mu)^2 f(0) + (1-\mu)^2 f(1) + \cdots + (n-\mu)^2 f(n)$$
……(3)

によって計算できる。上式を用いると(1)式の2項分布にしたがう確率変数の分散は

$$\sigma^2 = np(1-p)$$

となり，その正の平方根によって定義される標準偏差 σ は

$$\sigma = \sqrt{np(1-p)}$$

となる。$n=5$, $p=1/2$ の場合の標準偏差は，

$$\sqrt{5(1/2)\{1-(1/2)\}} = \sqrt{5}/2 \approx 1.118 (回)$$

となる。

ところで，2項分布にしたがう確率変数の分散は $np(1-p)$ であるから，n の値を固定すると，これは p の関数と考えられ，

$$p(1-p) = p - p^2 = -(p-1/2)^2 + 1/4$$

と変形できる。上式は $p=1/2$ のとき最大となり，最大値は $1/4$ となる。

このことは，例えば試験問題を作成する際に，正答か誤答のいずれかを選択させる場合，正答を選ぶ確率がほぼ $1/2$ となるようにすれば，得点のバラツキが最大になることを意味するものである。

2項分布の応用
——デタラメに解答したら何点取れるか

大学入試センター試験など,マークシート形式のテストにおいては,正答が1つで,他にいくつかの誤答を紛れこませて,正答を選択させる多肢選択形式の問題が出題されることが多い。このような選択形式の問題で,例えば5肢選択形式のテスト項目が全部で20問ある場合,まったくデタラメに解答したとすれば,はたして何点とれるだろうか。20問全部に正解することはまずあり得ないとしても,10問以上正解となる確率はどの程度であろうか。

まったくデタラメに選択肢を選んだときに,期待される正答数(平均値または期待値)は $\mu = np = 20 \times (1/5) = 4$(問)であるから,このテストが100点満点で各問の配点が5点ずつであれば,20点をとる人はある程度存在すると思われる。

しかし,この場合の標準偏差は,
$$\sigma = \sqrt{20 \times (1/5)(1-1/5)} = 4/\sqrt{5} \approx 1.789$$
となる。したがって,$4+1.789=5.789<6$ となり,6題以上正答できる人は,それほど多くないと予想される。

ところで,5肢選択形式の20題の問題をランダムに解答した際に,x 題正解できる確率は,(1)式において $n=20$, $p=1/5$ を代入することより,次のようになる。

$$P[X=x] = {}_{20}C_x (1/5)^x (1-1/5)^{20-x}$$

したがって,1題も正答できない確率は上式に $x=0$ を代入して得られる値0.0115となる。

次に1題しか正答できない確率は,上式に $x=1$ を代入して0.0576と得られる。同様にして計算すれば,2題,3題,4題,5題,6題,7題の正解が得られる確率は,それぞれ0.137, 0.205, 0.218, 0.175, 0.109, 0.055となる。

第11話

正答数	1	2	3	4	5	6	7	8	9	10	11	12
確率	.989	.931	.794	.589	.370	.196	.087	.032	.010	.003	.001	.0001

表11-1 5肢選択形式の20の問題が出題された場合，デタラメに解答して正解となる確率

またこれらの事象の余事象を考えることにより，1題，2題，…，7題以上正解できる確率は，それぞれ0.989, 0.931, 0.794, 0.589, 0.370, 0.196, 0.087となる。例えば，5題以上正解できる確率は，1題も正答できない確率，1題，2題，3題，および4題しか正答できない確率の総和を1から引いた値として，次のように計算できる。

(5題以上できる確率)
= 1 − (0.0115 + 0.0576 + 0.1369 + 0.2054 + 0.2182)
= 0.3704

同様に，8題以上，9題以上，10題以上正解となる確率は，それぞれ0.0321, 0.0100, 0.0026となり，正答数がふえるにつれ，確率の値は小さくなっていくことが分かる。これをまとめると，表11-1のようになる。

この表から明らかなように，どんなに運がよかったとしても，各々が5肢選択形式の問題によって構成された全20問のテストでは，10問以上正答できる確率は0.3%であるから，100点満点のテストで50点以上取れることはまずありえないことになる。

しかし，実際には，5つの選択肢からなる試験問題を解く際に，まったくランダムに解答するケースは皆無といってよい。多くの場合には，5つのうちのいくつかの選択肢は明らかな誤りであることが分かるので，残った選択肢からランダムに1つ

正答数	6	7	8	9	10	11	12	13	14	15	16	17
確率	.979	.942	.868	.748	.588	.412	.252	.132	.058	.021	.006	.001

表11-2 5肢選択形式の20の問題が出題された場合、3つの選択肢が誤りと排除でき、残った2つの選択肢をデタラメに選択して正答となる確率

を選択するだろう。

いま明らかに誤りである選択肢の数を3とし、2つの正解の候補からランダムに1つを選ぶ場合を考える。この場合には、期待される正解数の平均値は、

$$20 \times (1/2) = 10$$

標準偏差は、

$$\sqrt{20 \times 0.5 \times (1-0.5)} = \sqrt{5} = 2.236$$

となる。上で行ったのと同様な計算を行えば、6～17問以上正解できる確率は、表11-2のようになる。

これより、前の5つの選択肢すべてをランダムに選ぶ場合と比べて、50点以上取る人の割合は0.3%から59%へと著しく増加するが、この実質的2者択一の場合でも、65点（13問）以上取る人は13%、75点（15問）以上取る人は2%にしか過ぎないことが分かる。

第12話 交通事故問題,馬に蹴られて死んだ兵士数と同じ!(ポアソン分布)

ある日に交通事故が起こらない確率

ある警察署管内で起こる交通事故の件数は,過去の統計によると1日に約1件であるという。この管内で,交通事故が1日に1件も起こらない確率はどの程度であろうか。また,1日に3件以上起こる確率はどうであろうか。このようなことが分かると,例えば交通事故0件の日が3日以上続く確率なども計算できる。

まずこの問題を,第11話で説明した2項分布を用いて考えてみよう。いま1日24時間を,かなり短い時間間隔,例えば1分単位に分割して考える。事象Aを「ある1分間に管内で交通事故が起こる」こととし,各回の試行を「各1分間に交通事故が起こるか否かの観測」とする。

ここで毎回の試行が独立で,事象Aの起こる確率pが一定であるとすれば,これは2項試行と考えられる。ただし1分間に2件以上の交通事故が起こることはないと仮定しておく。

我々の興味は,管内で起こる1日の交通事故の回数Xであるから,試行回数は$n=60\times24=1440$である。この場合確率変数Xの分布は2項分布となるから,その平均はnpで与えられる(第11話参照)。過去の統計によれば$np\approx1$だから(以降では$np=1$とする),$n=1440$より$p=1/1440$となる。したがって,この管内で交通事故が1日に1件も起こらない確率は次のように与えられる。

$$P[X=0] = {}_{1440}C_0 \cdot \left(\frac{1}{1440}\right)^0 \left(1-\frac{1}{1440}\right)^{1440} = \left(\frac{1439}{1440}\right)^{1440}$$
……（1）

2項分布とポアソン分布

ところで，この値を求めるためには，$(1439/1440)^{1440}$ を計算しなければならないが，この正確な計算はコンピュータをもってしてもそう容易なことではない。

この例から分かるように，毎回の試行で注目している事象Aの起こる確率 p が小さく，試行回数 n が大きな場合には，一般に2項分布に関する確率を計算することは，大変難しい。そこで，このような場合について，2項分布の確率に対する近似を考える。

n が大きく，p が小さく，かつ $np=\lambda$（ラムダ）の値が極端に大きくも小さくもない場合には，近似式

$${}_nC_x p^x (1-p)^{n-x} \approx \lambda^x \cdot e^{-\lambda}/x!$$

が成り立つことが示せる。ここで e は，ネピアの数とよばれる定数（$e=2.718\cdots$）で，指数関数や対数関数の計算で非常に重要な役割を果たすものである。この式の右辺は正であり，また $x=0, 1, 2, \cdots$ について和をとると1になることが示せる。したがって

$$P[X=x] = f(x) = \frac{\lambda^x \cdot e^{-\lambda}}{x!} \quad (x=0, 1, 2, \cdots)$$
……（2）

は確率関数となり，これを「ポアソン分布」とよんでいる。

この分布の平均と分散はいずれも λ となる。2項分布の平均は np であり，ポアソン分布の導出においては，これを λ とおいたので，平均が λ となることは，直感的には理解でき

よう。また分散については、2項分布にしたがう確率変数の分散が

$np(1-p) = \lambda(1-\lambda/n) \to \lambda \quad (n \to \infty)$

となることから、ポアソン分布の分散が λ になりそうであることが理解できよう。

ポアソン分布による交通事故の確率の計算

それではここで、このポアソン分布を用いて、当初の問題を考えてみよう。この問題の場合には、平均 λ は1であるから、確率関数は $f(x) = e^{-1}/x!$ ($x=0, 1, 2, \cdots$) となり、そのグラフの概形は図12-1のようになる。

まず注目している警察署管内で、交通事故が1日に1件も起こらない確率を求めると、次のように計算できる。

$P[X=0] = 1^0 \cdot e^{-1}/0! \approx 0.367880$

これから分かるように、上の(2)式による計算は、いっけん複雑そうに見えるが、実際はそれほど大変ではなく、(1)式で与えたような計算よりはずっと楽である場合が多い。

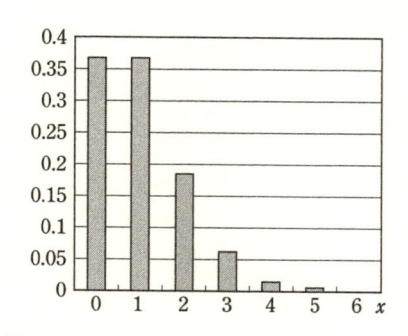

図12-1 ポアソン分布 $f(x) = e^{-1}/x!$ のグラフの概形

また（2）式によって（1）式を近似する際の精度についてみてみると、（1）式によって計算した値は0.367752となり、（2）式による値0.367880との差は0.03％程度であり、十分よい近似となっていることが分かる。

次に、この警察署管内で1日に3件以上の交通事故が起こる確率を求めてみよう。これは $X \geq 3$ となる確率であるから、次のようにして計算することができる。

$$P[X \geq 3] = 1 - P[X=0] - P[X=1] - P[X=2]$$
$$= 1 - 1^0 \cdot e^{-1}/0! - 1^1 \cdot e^{-1}/1! - 1^2 \cdot e^{-1}/2!$$
$$= 1 - e^{-1}(1+1+1/2) \approx 0.080$$

また、交通事故0件の日が3日以上続く確率を求めてみると、毎日の交通事故の件数は独立にポアソン分布にしたがうことから、次のように計算できる。

$$P[X_1=0, X_2=0, X_3=0]$$
$$= P[X_1=0] \cdot P[X_2=0] \cdot P[X_3=0]$$
$$= (e^{-1})^3 \approx 0.050$$

ただし X_1, X_2, X_3 は、それぞれ第1、2、3日目の交通事故の件数を表す確率変数である。

ポアソン分布のあてはめ
——馬に蹴られて死んだ兵士数

以上から分かるように、ポアソン分布は、n が大きく p が小さい場合の2項分布の近似分布と考えられ、さまざまな問題に適用できる。

前項で述べた交通事故の例では、時間間隔を細かくとったが、例えば顕微鏡の視野を空間的（平面的）に細かく分割して同様に考えると、顕微鏡の1視野に入る珍しい細菌数の分布なども近似的にポアソン分布にしたがうことが分かる。なぜな

第12話

死んだ兵士数	0	1	2	3	4
大隊数	109	65	22	3	1
あてはめた度数	108.7	66.3	20.2	4.1	0.6

表12-1 プロイセン陸軍で馬に蹴られて死んだ兵士数の記録

ら,この細菌は珍しいものであるから,細かく分割した1つの領域でそれが見つかる確率 p は小さいが,領域の数 n が大きいので,視野全体ではそこそこの数の細菌が見つかることになるからである。

ポアソン分布にしたがう現象として,ほかには以下のようなものが考えられる。すなわち,数多くの製品中の不良品の個数,1日にかかってくる間違い電話の回数,毎日の新聞に"統計学"などといったある特定の用語が現れる回数,などであり,これらは日常多くみられる現象である。

ここでポアソン分布がよくあてはまるといわれている有名なデータを紹介しておこう。

表12-1の2行目に与えたデータは,プロイセン陸軍の10個の騎兵大隊において,毎年馬に蹴られて死んだ兵士数を,20年間にわたって記録したものである。データ数は 10(大隊)×20(年間)=200 である。

この場合,ある一人の兵士が1年間に馬に蹴られて死ぬ確率 p は極めて小さいが,騎兵大隊の兵士数 n は大きいので,大隊全体では1年間に馬に蹴られて死ぬ兵士が,ある程度の数生じることになる。したがって,その分布はポアソン分布で近似

できると考えられる。ここで表12-1のデータにポアソン分布をあてはめてみよう。

前述の(2)式から分かるように,あてはめるポアソン分布を決定するためには,未知パラメータ λ の値を推定しなければならない。ところで前述したように,λ はポアソン分布の平均であるから,この値の推定値としては,標本平均(データの平均)とするのが自然であろう。そこで表12-1からこのデータの平均 $\bar{x}$ を計算すると,次のようになる。

$$\bar{x} = (0\times109+1\times65+2\times22+3\times3+4\times1)/200 = 0.61$$

ここで $\lambda=0.61$ として,馬に蹴られて死ぬ兵士数 X が0,1,2,3,4となる場合の確率を計算し,それに総データ数200を掛けることにより,このポアソン分布をあてはめた場合の度数を計算すると,表12-1の3行目のようになる。これと実際の数を比べてみると,パラメータ $\lambda=0.61$ のポアソン分布がきわめてよくあてはまっていることが分かるだろう。

第13話 医学部学士入学試験，何点とれば入れる？（正規分布）

連続型確率分布と正規分布

近年，新しい大学入学者選抜方法として，教科の枠にとらわれない総合試験が実施されるようになってきた。大学入試センター研究開発部においては，いかにすれば信頼のある有効性の高い総合試験を作成できるかという目的で，2005年に全国の国公私立大学3，4年生708名に対してモニター調査を実施した。

総合試験は，「情報把握力」・「論理的思考力」・「読解力」・「コミュニケーション力」を測定する意図で作成された，全部で75の設問からなる試験である。図13-1は，モニター調査の結果による総合試験（100点満点）の得点分布を示したものである（大学入試センター研究開発部　2006，参考文献10）。

得点の平均値は58.26点，標準偏差は12.41点である。ところで，多数の変数の得点和の分布は，それぞれの設問の得点分布型に依存せずに正規分布にしたがうという，統計学的にみて大変美しい法則がある。正規分布（Normal Distribution）は，ガウス（1777～1855）が誤差分布としてその重要性を明らかにしたといわれており，「ガウス分布」とよばれることもある。

一般に，確率変数 X が身長，温度，バスの待ち時間などのように連続的な値をとるとき，すなわち，ある区間内の任意の実数値をとりうるとき，X を「連続型確率変数」とよぶ。いま，X がとりうる値の区間を $(-\infty, \infty)$ とする。

さらに，学校などで行われるテスト得点（X）は1点刻みの場合が多いので連続型ではないが，テストが測定する生徒の学

第Ⅲ章 チャンスをはかる

力は連続的な値をとるとみなせるので，X は"連続型"確率変数とみなされる。

ところで，第11話の2項分布，第12話のポアソン分布においては離散型確率変数 X を考え，$X=x$ となる確率を x の関数と考えたものを「確率関数」とよんだ。連続型確率変数の場合にも，同様に確率関数を考えることができるだろうか？

連続型の場合は，X の値が区間 $(a, b]$ に入る確率が

$$P[a<X\leq b]=\int_a^b f(x)\,dx$$

として表せる関数として，確率密度関数 $f(x)$ が定義される。これは，上の確率が区間 $(a, b]$ 上の，$f(x)$ と x 軸で囲まれる部分の面積で与えられることを意味している。なお，この定義によれば特定の値 x に対しては $P[X=x]=0$ である。連続型の確率密度関数は，

(ⅰ) $f(x)\geq 0$

(ⅱ) $\int_{-\infty}^{\infty} f(x)\,dx=1$

をみたしている。また，連続型確率変数 X の平均（期待値）$E(X)$ は，次式で定義される。

$$E(X)=\int_{-\infty}^{\infty} xf(x)\,dx$$

図13-1に示した実線は，総合試験の得点のデータと同じ平均と標準偏差をもつ正規分布を示したものである。なお，正規分布は連続型確率分布の中で最も頻繁に使用されるものである。

一般に正規分布は，a) 左右対称，b) 分布の山（峰）が1つしかない，c) 分布の左右の裾が広がっているという，3つの特徴をもっている。正規分布は，平均値と標準偏差が決まれ

第13話

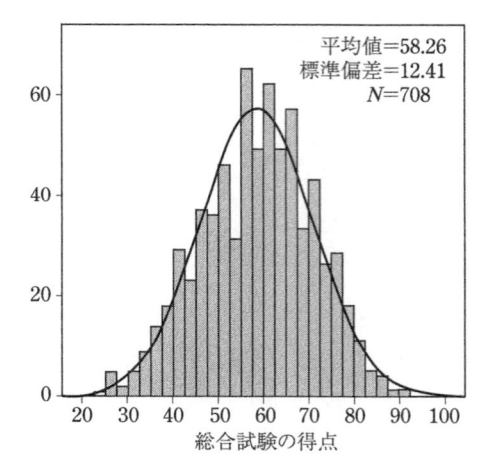

図13-1 総合試験の得点分布とあてはめた正規分布

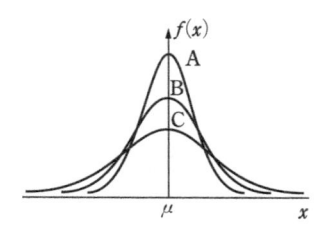

図13-2 平均が同一で，標準偏差が異なる3つの正規分布

ば1通りに決まるもので,大人の身長,毎日のある特定時間の気温,知能検査や学力検査の得点などの分布として,多数の自然現象や社会現象で散見される。

ところで,正規分布の形は,平均値と標準偏差により異なった曲線を描く。図13-2の3つの正規分布(A,B,C)の平均はμと同じであるが,分布のバラツキを示す標準偏差σはAの場合が最も小さく,B,Cの順に標準偏差が大きくなっていくが,その面積は等しくなっている。

標準正規分布

少々難解な話が続くが,正規分布は大変重要なので,その性質についてもう少し考えてみよう。

図13-1の正規分布の平均値は58.26で,標準偏差は12.41である。ところで,正規分布で最もよく利用されるものに,平均0,標準偏差1の正規分布がある。図13-2のように,平均は一致しているとはいえ,標準偏差が異なる正規分布があった場合には,異なる正規分布にしたがう測定値の大きさを直接比較することができない。そこで,平均μ,標準偏差σの正規分布にしたがう確率変数Xを,

$Z=(X-\mu)/\sigma$

といった標準得点Zに変換すると,Zは平均0,標準偏差1をもつ正規分布にしたがう変数となる。一般に,XをZに変換することを,「確率変数の標準化」とよんでいる。第5話のデータの標準化$z=(x-\bar{x})/s$と対応するものである。

このとき,Zの分布は,「標準正規分布」とよばれ,その概形は図13-3に与えられている。Zの値が0と1の間にある確率$P[0 \leq Z \leq 1]$は,標準正規分布の0から1の間の面積に相当し,その値は0.341となる。Zの値が0と2の間にはいる確

z	$\Phi(z)$
0.05	0.5199388
0.10	0.5398278
0.15	0.5596177
0.20	0.5792597
0.25	0.5987063
0.30	0.6179114
0.35	0.6368307
0.40	0.6554217
0.45	0.6736448
0.50	0.6914625
0.55	0.7088403
0.60	0.7257469
0.65	0.7421539
0.70	0.7580363
0.75	0.7733726
0.80	0.7881446
0.85	0.8023375
0.90	0.8159399
0.95	0.8289439
1.00	0.8413447
1.05	0.8531409
1.10	0.8643339
1.15	0.8749281
1.20	0.8849303
1.25	0.8943502
1.30	0.9031995
1.35	0.9114920
1.40	0.9192433
1.45	0.9264707
1.50	0.9331928

z	$\Phi(z)$
1.55	0.939429
1.60	0.945201
1.65	0.950529
1.70	0.955435
1.75	0.959941
1.80	0.964070
1.85	0.967843
1.90	0.971283
1.95	0.974412
2.00	0.977250
2.05	0.979818
2.10	0.982136
2.15	0.984222
2.20	0.986097
2.25	0.987776
2.30	0.989276
2.35	0.990613
2.40	0.991802
2.45	0.992857
2.50	0.993790
2.55	0.994614
2.60	0.995339
2.65	0.995975
2.70	0.996533
2.75	0.997020
2.80	0.997445
2.85	0.997814
2.90	0.998134
2.95	0.998411
3.00	0.998650

表13-1 標準正規分布表

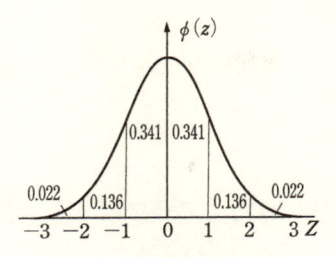

図13-3　標準正規分布

率 $P[0 \leq Z \leq 2]$ は，Z の値が 0 から 2 までの面積 0.477 ($=$ 0.341+0.136) に相当する。同様に，その値が 0 から 3 の間にはいる確率は 0.499 ($=$0.477+0.022) となる。

一般に Z の値が z 以下 ($z \geq 0$) である確率 $P[-\infty < Z \leq z]$ を表にしたものが表13-1であり，「標準正規分布表」とよばれている（より詳しい数表は，例えば田栗 2005，参考文献11などを参照）。この確率を z の関数とみなしたものが，標準正規分布の分布関数とよばれ，通常 $\Phi(z)$ （ラージファイ z）と表される（表13-1参照）。したがって，標準正規分布の確率密度関数を $\phi(z)$ （ファイ z）としたとき，分布関数 $\Phi(z)$ は

$$\Phi(z) = P[Z \leq z] = \int_{-\infty}^{z} \phi(x)\,dx$$

と表すことができる。

ここで，正規分布は図13-2から明らかに原点に関して対称である。したがって，Z の値が -1 から 1 に入る確率

$$P[-1 \leq Z \leq 1] = P[|Z| \leq 1]$$

は，Z の値が 0 から 1 となる確率，

$$\Phi(1) - 0.5 = 0.841 - 0.5 = 0.341$$

の 2 倍，すなわち0.682となる。同様に，Z の値が -2 から 2

の間に入る確率は
$$P[|Z|\leq 2]=2\cdot(\Phi(2)-0.5)=2\times 0.477=0.954$$
となる。

正規分布の利用法
［例１］ 総合試験の第１段階選抜利用法をめぐって

図13-1に示した総合試験の成績の得点は、多くの設問に対する得点の合計点であるから、正規分布にほぼしたがっていると考えられる。いま、この総合試験の得点が84点の場合、その成績はどのように評価されるであろうか。

84点から平均58.26を引いた値である25.74を、標準偏差12.41で割ると、標準得点の値2.074が得られる。これを超える確率は、標準正規分布表の$z=2.074$以下の値を１から引いた値として求められる。すなわち、
$$P[Z>2.074]=1-P[Z\leq 2.074]$$
$$=1-\Phi(2.074)=1-0.9810=0.0190$$
となり、84点という成績は上から約２％の位置の点数であるから、100人中ほぼ２番目に相当する。

ここで用いられた総合試験が、ある大学の医学部の学士入学に利用されたとしよう。

このとき、学士入学の定員が20名のところ、200名が志願したため、総合試験の成績下位70％程度を第１段階選抜で不合格としなければならなくなったとする。このとき、得点が何点以下の受験者を不合格にすべきだろうか。

ここで、標準正規分布表において、$P[Z\leq 0.55]=0.7088$、$P[Z\leq 0.50]=0.6915$となることから、$P[Z>a]=1-P[Z\leq a]=0.30$となる標準得点aの値はほぼ0.525となる。したがって、得点Xの標準化の公式から

$(X - 58.26)/12.41 = 0.525$

とおくと，$X = 64.78$ となる。つまり，得点が65点未満（64点以下）の場合，第1段階選抜で不合格にすればよい。

いま，第1段階選抜にこの総合試験を用いたある大学の医学部が，総合試験の得点が50点以下の受験者のみを第1段階選抜で不合格にすることにしたとしよう。このとき，50点に対応する標準得点は次のようになる。

$Z = (50 - 58.26)/12.41 = -0.666$

したがって，不合格となる人の割合は標準正規分布表から

$P[Z < -0.666] = P[Z > 0.666] = 1 - P[Z < 0.666]$
$= 1 - \Phi(0.666) = 1 - 0.7454 = 0.2546$

となり，ほぼ25％（約4分の1）の人が不合格になる。

[例2] 期末試験の「さっちゃん」の成績は上昇した！

第5話において「さっちゃん」の中間試験と期末試験の成績を偏差値で表現したところ，中間試験での偏差値は約48，期末試験での偏差値は約60だった。偏差値が12あがったことにより，「さっちゃん」は期末試験では，中間試験に比べずいぶん頑張ったことになる。

実際，第5話の幹葉図の項で見たように，中間試験での順位は21番，期末試験での順位は7番であったから，14番も順位をあげたことになる。しかし，これは「さっちゃん」のクラスの中のことであり，同じ試験を受けた他のクラスでは，順位の上がり方はこれほど大きくないかもしれないし，逆にもっと大きいかもしれない。では，この試験を非常にたくさんの人が受けたとすれば，偏差値が48や60をとった人は，上位から何％くらいのところに位置するのだろうか。

まずこの試験を非常に多数の人が受けた場合でも，平均点や

標準偏差の値は,「さっちゃん」のクラスのものと同じであるとする。そして多数の人たちの得点分布が正規分布,すなわち,中間試験の場合であれば,平均74.3点,標準偏差14.9点の正規分布にしたがうものとする。

このとき偏差値が47.8(対応する標準得点 z は-0.22)以上である人の割合は,標準正規分布表を用いることにより,58.7％となる。この値は,クラス内で「さっちゃん」の上位にいる人の割合62.5％(=100・20/32)と比較的近い。

同様に期末試験の点数の分布が平均59.9点,標準偏差13.5点の正規分布にしたがうものとすれば,偏差値が59.7(対応する標準得点 z は0.97)以上である人の割合は16.6％となる。この値もまた,クラス内での対応する値18.8％(=100・6/32)と近い値となっている。したがって「さっちゃん」は,中間試験では上に6割程度の人がいたが,期末試験では「さっちゃん」の上にいるのは約1/6だけであることが分かり,やはりずいぶん頑張ったことになる。

2項分布は正規分布で近似できる

もう1つの問題を考えよう。コインを1000回投げて530回以上表が出る確率はどの程度であろうか。600回表が出るとは考えにくいが,530回程度なら意外に頻繁に起こるのではないかと考える人は少なくないだろう。

この問題は,厳密には第11話で説明した2項分布の問題である。すなわち,1000回コインを投げた場合,表がでる回数の正確な分布は,

$n=1000, p=1/2$

の2項分布にしたがう。しかしこの場合,正確な確率

$P[X \geq 530]$

第Ⅲ章　チャンスをはかる

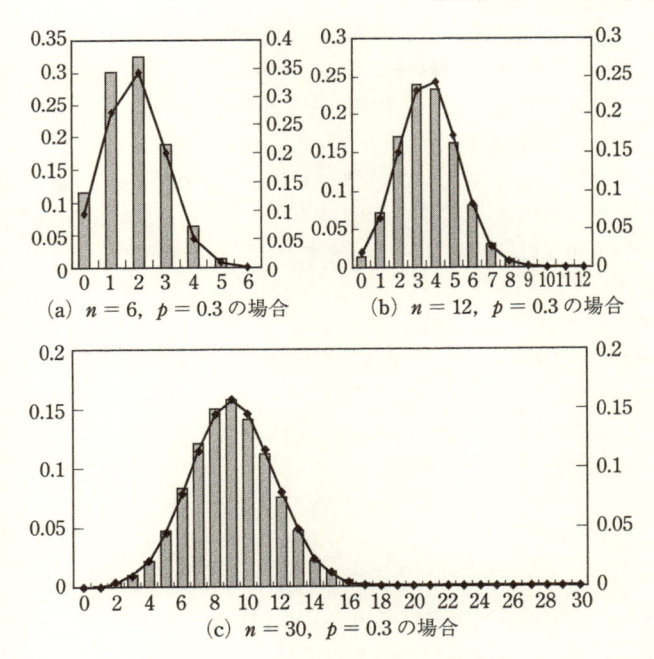

(a) $n=6$, $p=0.3$ の場合
(b) $n=12$, $p=0.3$ の場合
(c) $n=30$, $p=0.3$ の場合

図13-4　2項分布の正規分布近似

を計算することは大変である。

ところで，一般に試行回数が n，注目している事象の起こる確率が p の場合の2項分布は，n が大きくなっていくと，2項分布と同じ平均と分散をもつ正規分布に近づいていくことが，理論的に示されている。この状況を表したものが，図13-4 (a), (b), (c) の3枚の図である。

これらの図は，いずれも $p=0.3$ の場合の2項分布を考え，試行回数 n を 6, 12, 30 と大きくしていった場合の状況を表

している。図の棒グラフは2項分布の確率であり、折れ線グラフは対応する正規分布の値を示している。これらの図より、n を増加させるにつれて、2項分布は正規分布に近づいていくことが見てとれるだろう。

これと同様なことは、$0<p<1$ を満たす任意の p の値についても成立する。実際 $p=0.1$ の場合でも、$n≧50$ であれば、2項分布はほぼ正規分布と一致するが、p の値が0.01と小さくなると、$n≧1000$ 程度でないと、正規分布による近似はあまりよくない。

さて、1000回のコイン投げで、530回以上表が出る確率を求める問題に戻って考えてみよう。この場合、2項分布の平均は

$$np = 1000 \times (1/2) = 500 (回)$$

標準偏差は次のようになる。

$$\sqrt{np(1-p)} = \sqrt{1000 \cdot (1/2) \cdot (1-1/2)} = 5\sqrt{10} \approx 15.81 (回)$$

ところで、平均と標準偏差が求まると、先に述べた「さっちゃん」の中間試験と期末試験の成績を標準得点 z で表したのと同様に(第5話参照)、530回を標準得点に変換することができ、次のようになる。

$$(530-500)/15.81 = 30/15.81 = 1.898$$

ここで、2項分布を平均が500、標準偏差が15.81の正規分布で近似することにより、表が530回以上出る確率の近似値を計算してみると、次のようになる。

$$P[X≧530] = P[(X-500)/15.81 ≧ (530-500)/15.81]$$
$$= P[Z≧1.898] = 1 - P[Z<1.898] \approx 1 - 0.971 = 0.029$$

したがって、1000回のコイン投げで、表が530回以上出る確率は2.9%という極めて小さな値となることが分かる。

それでは、100回のコイン投げで表が53回以上出る確率も、同様に2.9%なのだろうか。100回コインを投げた場合に表が出

る平均値は50回であるが，この場合の標準偏差の値は
$$\sqrt{100(1/2)(1-1/2)} = \sqrt{25} = 5$$
となる。したがって表が53回に対応する標準得点 z は
$$(53-50)/5 = 0.6$$
となり，100回コインを投げて表が53回以上出る確率は
$$P[X \geq 53] = P[Z \geq 0.6] = 1 - P[Z < 0.6] \approx 1 - 0.726$$
$$= 0.274$$
となる。

この値0.274（27.4%）は，コインを1000回投げて530回以上表が出る確率0.029（2.9%）と比べると，ずっと高い値になる。

これは表の出る割合が同じ値でも，n の値が小さいとバラツキ（標準偏差）が相対的には大きくなることに起因している。実際 $n=1000$（回）の場合の変動係数の値は0.032（=15.81/500）であるが，$n=100$（回）の場合の変動係数の値は0.100（=5/50）と，相対的に大きくなっている。

なお，X が特定な値，例えば53となる確率を計算するには，$P[52.5 \leq X < 53.5]$ として正規近似を用いる。$P[X \geq 53]$ の場合には，$P[X \geq 52.5]$ として計算するなどの工夫を考えると，よりよい近似が得られる。このような補正は「連続補正」とよばれている。

プロ野球の優勝チームは本当に強いか？

同様な計算を行うと，コインを100回投げて表が55回以上出る確率は15.87%（約6分の1）となる。このことを，プロ野球のペナントレースで優勝したチームの例で考えてみよう。簡単のために年間100試合であると仮定し，すべてのチームの力（打力，投手力，守備力等）が均衡していて，対戦チームと勝負して勝利する確率が0.5と想定されるとしよう。

第13話

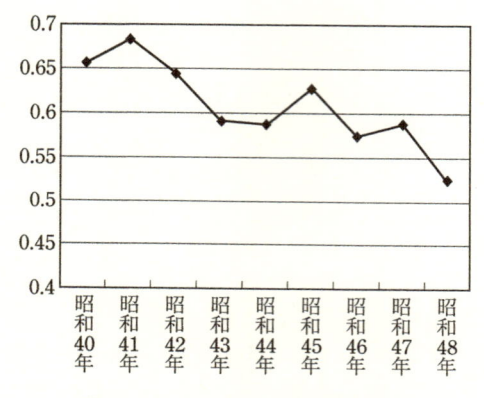

図13-5 巨人軍9連覇時の勝率

　このとき，どのチームも100試合対戦後の勝率が5割5分になる可能性は1/6程度はあることになる。逆にいえば，ペナントレースにおいて，勝率5割5分程度で優勝したチームは，他のチームに比べてチーム力が強かったとは言いきれないということが分かる。

　すこし古くなった話題であるが，昭和40年代に，王貞治が3番，長嶋茂雄が4番という強力な打線で，巨人軍が日本シリーズを含め9連覇したことは球史に残る大偉業であろう。

　このときの勝率の推移を，図13-5に示した。9連覇が始まった頃の昭和40年から42年までの勝率は6割5分，6割8分，6割4分と他のチームを圧倒する強さがあったが，昭和43年からチーム力は漸次下降し，9連覇を成し遂げた昭和48年の勝率は5割2分台であった。勝率の高いあいだは連覇が続いたが，勝率が5割に近い値で優勝した昭和48年においては，次のシーズンも続けて優勝するチーム力が失われていたといえよう。

第III章 チャンスをはかる

第14話 スーパーでの買い物，レジで概算してみよう！（中心極限定理）

ある主婦の経験則

　主婦のM子さんは，近所のスーパーマーケットで買い物をした際，同じ品物がレシートに2度打ちされている経験が何度かあり，レジ係をあまり信用していない。そこで，買った品物の値段の1円の位を四捨五入して10円単位に丸めて概算し，レジで請求される金額をチェックするようにしている。

　過去の経験によれば，20個の品物を購入した場合には，このようにして概算を行った金額と，真の金額との差は，ほとんどの場合±50円以内であると考えている。

　はたしてこの考え方には，何らかの根拠があると言えるのだろうか？

　M子さんの概算のアイデアは，品物の値段を四捨五入すれば，切り上げと切り捨てがキャンセルされて，真の値段に近くなるだろうとの考えに基づいている。いま，誤差を

　　（誤差）＝（四捨五入した値段）－（真の値段）

とすれば，真の値段の1円の位の数字と誤差との対応は次のようになる。

　1円の位の数字：　4　　3　　2　　1　0　9　8　7　6　5
　　誤　　　差　：－4　－3　－2　－1　0　1　2　3　4　5

　もし20個の品物の値段の末尾がすべて5円であった場合には，誤差は100円（＝5×20）となるし，末尾がすべて4円であった場合には，誤差は－80円（＝－4×20）となってしまうが，そんなことはめったに起こらないだろう。またM子さんは末尾

が8円である品物が非常に多いことに気づいており，20個すべての末尾が8の場合には誤差が40円（＝2×20）で収まることも承知していた。

誤差の分布

さてここで，この問題を統計の知識を用いて考えてみよう。いま，1，2，…，20番目に買った品物の値段を概算したときの誤差を，それぞれ e_1, e_2, …, e_{20} とする。また誤差の合計を E とすれば，

$$E = e_1 + e_2 + \cdots + e_{20}$$

である。

e_1, e_2, …, e_{20} のおのおの，例えば e_1 は $-4 \sim 5$ の間のさまざまな値をとり，各値をとる確率は一定ではないだろう。例えば2という値（末尾が8円の場合）をとる確率は大きいであろう。したがって，e_1 はある離散型確率分布（第11話参照）にしたがうと考えられる。この事情は e_2, …, e_{20} についても同様と考えられるから，結局 e_1, e_2, …, e_{20} のおのおのは，同一の分布にしたがうと考えられる。また，これら20個の確率変数は，互いに独立と考えてよい。

では，この確率分布を求めるにはどうしたらよいだろうか。そのためにはスーパーにある品物すべての値段を調べればよいが，これは実際には不可能であろう。そこでM子さんが過去数ヵ月にわたって購入したたくさんの品物のレシートを調べ，それから求めた分布を真の分布の近似と考えてもよいだろう。この結果をまとめると，次の表14-1のようになる。

この表から，このスーパーでは末尾が8円（誤差が2）の品物が圧倒的に多く全体の約半数を占めていることが読み取れる。また，末尾が0円（誤差が0）や5円（誤差が5）などの

第III章 チャンスをはかる

e_iの値	-4	-3	-2	-1	0	1	2	3	4	5	合計
度数	5	3	4	2	48	2	110	10	13	28	225
相対度数	0.022	0.013	0.018	0.009	0.213	0.009	0.489	0.044	0.058	0.124	0.999[†]

[†]四捨五入の影響で、合計は 1.000 となっていない。

表14-1 誤差の近似分布

キリのよい値段も多いことも分かる。後で必要になるので、ここでこの分布の平均と分散を計算しておこう。

e_i の分布の平均 μ は、e_i の値に、その値をとる確率を掛けて加え合わせればよい。この場合には、e_i という値をとる確率は、度数の合計 (225) に対する e_i の度数の割合である相対度数を採用する。すると、μ は次のように計算できる。

$$\mu = (-4) \times 0.022 + (-3) \times 0.013 + \cdots + 5 \times 0.124 = 1.80$$

また e_i の分布の分散 σ^2 は、e_i の値から平均 μ を引いたものを 2 乗し、それに e_i という値をとる確率（相対度数）を掛けて加え合わせればよいから（第11話参照）、次のように計算できる。

$$\sigma^2 = (-4-1.80)^2 \times 0.022 + (-3-1.80)^2 \times 0.013 + \cdots$$
$$+ (5-1.80)^2 \times 0.124 \approx 3.70$$

変数の和についての性質

ここで我々の問題を整理しておくと、「各品物の値段の 1 円の位を四捨五入したときの誤差 e_i の分布が表14-1 で与えられるとき、20個の品物の誤差の合計 $E = e_1 + e_2 + \cdots + e_{20}$ の値は ± 50 円以内に収まるか」を調べることである。

第14話

　前項で述べたように，e_1, e_2, …, e_{20} は $-4 \sim 5$ の間のさまざまな値をとるから，その和である E も $-80 \sim 100$ の間の値を，さまざまな確率でとると考えられる。したがって誤差の合計 E は，$-50 \leq E \leq 50$ を満たすとは限らず，M子さんの経験則は常に正しいとは限らない。しかし $-50 \leq E \leq 50$ が満たされる確率が十分大きく，例えば90％以上であれば，この意味ではM子さんの経験則は根拠をもつことになろう。

　この問題に答えるためには，ある分布にしたがう変数（e_i）のいくつか（20個）の和（E）の分布が分かればよい。これについては，次の驚くべき性質がある。

中心極限定理

　ある確率分布にしたがういくつかの変数の和の分布は，変数の数がある程度多ければ，近似的に正規分布にしたがう。

　ここで注意してもらいたいのは，一つ一つの変数の分布はどのようなものであってもよいことである。変数の分布が正規分布と似た，真ん中あたりの値が出現しやすく，大きな値や小さな値が出現し難い分布（図14-1の（a）参照）ならば，上の性質は成り立ちそうに思えるだろう。

　しかし，たとえそうでなくても，極端な場合正規分布とは逆に，大きな値や小さな値が出現しやすく，真ん中辺りの値が出現し難い分布（図14-1の（b）参照）であったとしても，また非対称な分布（図14-1の（c）参照）であったとしても，それらの分布からとられた変数の和は，近似的に正規分布になるという，直感的には信じられない性質が成り立つ。

　この性質を確かめるために，1つの実験を行ってみよう。いま，0から9までの数字がランダムに並んでいる乱数表から，順番に1桁の数字10個を選んでその和を計算すると，それは0

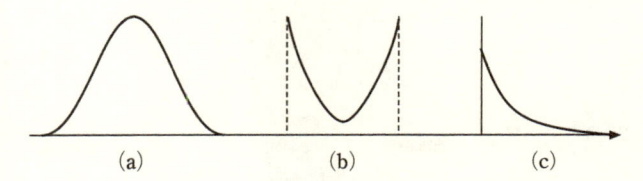

図14-1 変数の分布の例——(a) 正規分布に近い分布, (b) 正規分布とかけ離れた分布, (c) 非対称な分布

から90までのある値となる。このような操作を10000回繰り返すと, 0～90の間の10000個の和の値が得られるので, その度数分布を描くと, 例えば図14-2のようになる(縦軸の値を調整して棒の面積の総和を1にしたものはヒストグラムとよばれる)。

ところで, 乱数表から取り出される1桁の数字は, 0～9の値を等確率 (1/10) でとる離散型分布 (離散型一様分布) にしたがうと考えられ, これは明らかに正規分布とはかけ離れた分布である。ところがその10個の和の分布をみると, 図14-2のように, 正規分布にきわめて近い分布となっていることが分かり, 上で与えた性質の成り立つことが確かめられる。

上述した性質では, 変数の数がある程度多いことが仮定されているが, この例でみるように, 変数の数が10程度でも十分正規分布に近くなる場合も多い。

この性質は数学的に証明することができる。すなわち変数の個数 n を $n \to \infty$ とすると, かなり一般的な条件のもとで, それらの和の分布が正規分布に収束することが示せる。この定理は「中心極限定理」とよばれており, 統計学の中で最も重要な定理の1つである。

なぜなら統計学で中心的な話題である推定や検定の理論の多くは, 正規分布の場合に成り立つものである。いっぽう現実に

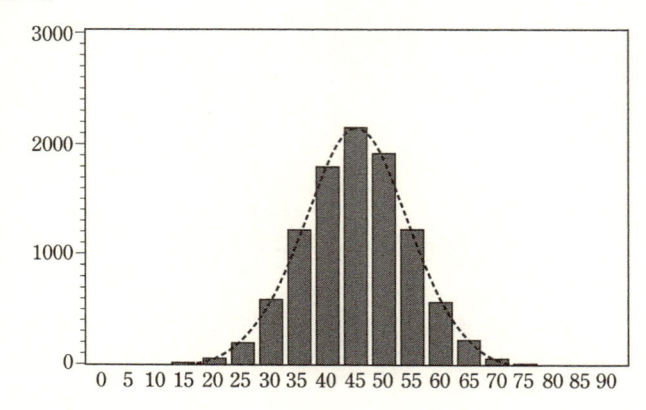

図14-2 乱数表から選ばれた10個の数字の和の分布

は，厳密に正規分布の仮定（正規性）が満たされる場合はほとんどない。しかし統計学では，例えば標本平均

$$\overline{X} = (X_1 + X_2 + \cdots + X_n)/n$$

や標本分散

$$S^2 = \{(X_1 - \overline{X})^2 + (X_2 - \overline{X})^2 + \cdots + (X_n - \overline{X})^2\}/n$$

などのように，いくつかの確率変数の和の形に表せる量に興味のあることが多い。

このような場合には，上で述べた中心極限定理が成り立つような形になっているから，和をとる項の数がある程度大きければ，これらの量は近似的にではあるが正規分布にしたがうことになる。したがって正規性を仮定した推定や検定の理論が適用できる場合が多いのである。

M子さんの経験則の確からしさ

ここで当初の問題について考えてみよう。本話題の最初の部

分で与えたように、1個の品物に対する誤差 e_i の分布は表14-1であり、その平均は $\mu=1.80$、分散は $\sigma^2 \approx 3.70$ である。しかし我々の知りたいのは誤差の合計 E の分布である。

まず E の分布に関しては、E は20個の変数の和であるから、前項で与えた性質（中心極限定理）より、近似的に正規分布としてよいことが分かる。正規分布の場合には、平均と分散を求めれば、その分布は一意に決まるので、ここで E の平均 μ_E と分散 σ_E^2 を求めてみよう。

E は互いに独立な20個の変数 $e_1, e_2, \cdots, e_{20}$ の和であるから、それらは各 e_i の平均 μ、分散 σ^2 の値を加えた値になることが示せる。したがって E の平均 μ_E および標準偏差 σ_E は、それぞれ次のように計算できる。

$\mu_E = 20 \cdot \mu = 20 \times 1.80 = 36.0$

$\sigma_E = \sqrt{20 \cdot \sigma^2} \approx \sqrt{20 \times 3.70} \approx 8.60$

我々が最終的に求めたい確率は、誤差の合計 E が ±50 円以内に収まる確率 $P[-50 \leq E \leq 50]$ である。これを求めるため、まず E を標準化することを考える。すなわち E から平均 μ_E を引き、標準偏差 σ_E で割った量を Z とすれば、これは第13話で説明した「確率変数の標準化」の操作であり、Z は標準正規分布にしたがう。この例の場合には、Z は

$Z = (E - \mu_E)/\sigma_E = (E - 36.0)/8.60$

で与えられる。したがって、第13話で述べた標準正規分布表を用いれば、知りたい確率が次のようにして求められる。

$P[-50 \leq E \leq 50] = P\left[\dfrac{-50-36.0}{8.60} \leq \dfrac{E-36.0}{8.60} \leq \dfrac{50-36.0}{8.60}\right]$

$= P[-10.0 \leq Z \leq 1.63] \approx P[Z \leq 1.63] \approx 0.95$

この結果から、「20個の品物を購入した場合、末尾の位を四捨五入して求めた概算額と真の額との差は、±50 円以内であ

第14話

る」とのM子さんの経験則は，100回中95回程度は正しいことになり，十分根拠があると考えてよかろう。

最後に，M子さんの最近2回の買い物のレシートで，これが成り立っているかどうかを確かめてみよう。第1のレシートの記録によれば，そのとき購入した品物の値段は次の通りであった（単位円）。

315, 365, 300, 150, 315, 302, 138, 1048, 583, 248,
118, 58, 168, 388, 248, 522, 165, 113, 1050, 278

この場合，1円の位を四捨五入して計算した概算額は6900円となる。これに対して真の合計額は6872円であり，その差は28円で±50円以内に収まっている。

次に第2のレシートの記録は，次の通りであった（単位円）。

218, 567, 198, 400, 207, 218, 208, 268, 155, 417,
504, 197, 238, 188, 198, 298, 165, 157, 310, 155

この場合の概算額は5310円，真の合計額は5266円であり，その差は44円でこれもまた±50円以内に収まっており，M子さんの経験則が成り立っていることが分かる。

第Ⅳ章
統計的推測はどこまで可能か
―― 推定・検定の考え方 ――

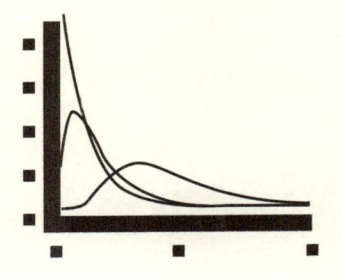

第15話 麻薬経験者の割合，どうやって調査する？（ランダム回答法）

デリケートな質問

若年層における麻薬経験者が増加していると言われているが，その実態を把握することは重要である。そこで麻薬経験者の割合を推定するために，調査を行う状況を想定してみよう。

もし，「あなたは麻薬を経験したことがありますか？」などと直接的な質問をしたとすれば，おそらくほとんどの人は〝ノー″と答えるだろう。したがってこのような調査から推定された麻薬経験者の割合は，真の割合よりずっと小さくなってしまうと予想される。

ではどのようにして質問を行えばよいのか，何か工夫はあるのだろうか。ここではこのような問題について考える。

この種の状況は，一般にデリケートな事柄について質問する場合に生じる。例えば，妊娠中絶の経験者や同性愛者の割合を推定するための調査等でも同様な状況が起こりうる。

ランダム回答法

最初に，2つの質問を用意する。1つは知りたいことを直接的に聞くデリケートな質問とし，もう1つは誰にでも答えやすい無害な質問とする。麻薬経験者の割合の推定問題では，例えば次のような2つの質問を用意する。

質問1：あなたは麻薬を吸った経験がありますか？
質問2：あなたの電話番号の末尾の数字は偶数ですか？

次に調査対象者にコインを投げてもらい，表が出たら質問1

に正直に答えてもらい,裏が出たら質問2に正直に答えてもらうように依頼し,調査者は"イエス"または"ノー"の答えだけを聞くような調査方法を考える。もちろん調査者は,コイン投げの結果は見ないようにし,したがってどちらの質問に答えたかは分からないようにして,調査対象者に安心感を与えるようにしなければならない。するとこの場合の問題は,"イエス"または"ノー"と答えた人の割合だけから,麻薬経験者の割合を推定する問題になる。

質問2は麻薬の経験の有無とはまったく関係がないもので,したがってこの質問の回答からは知りたいことに対する情報は得られない。したがって,このような方法によって知りたい割合の推定を行うことは不可能のように思えるかもしれない。しかし次のように考えてみよう。

いま,調査対象者の人数を n,麻薬経験者の真の割合を θ(シータ),"イエス"と答えた人の割合を $\hat{p}$ とする。また電話番号の末尾の数字が偶数である人の割合を α(アルファ)とし,これは既知とする。

このとき"イエス"と答えた人数は $n\hat{p}$ である。また質問1と質問2を選ぶ確率はそれぞれ1/2であるから,質問1を選んで"イエス"と答えた人数は平均的には $(n/2)\cdot\theta$ であり,同様に質問2を選んで"イエス"と答えた人数は平均的には $(n/2)\cdot\alpha$ である。したがって,平均的には関係式

$$n\hat{p}=(n/2)\cdot\theta+(n/2)\cdot\alpha$$

の成り立つことが分かる。これを θ について解くことにより,麻薬経験者の割合の推定値 $\hat{\theta}$ が次のように得られる。

$$\hat{\theta}=2\hat{p}-\alpha$$

上式の右辺にある $\hat{p}$ および α の値は,調査結果から得られる値および既知とした値であるので,これにより麻薬経験者の

真の割合 θ に対する推定ができたことになる。このようにして割合の推定を行う方法が，「ランダム回答法」とよばれているものである。

ランダム回答法の精度

では求めた推定値 $\hat{\theta}$ は，真の割合 θ に対する良い推定値になっているかどうかを，もう少し詳しく調べてみよう。

いま，質問1と2をコイン投げによってではなく，一般的に選ぶことを考える。すなわち質問1を選択する確率が β（ベータ）であるとする。上と同様に考えれば，質問1を選んで"イエス"と答えた平均人数は $\beta n \cdot \theta$ であり，質問2を選んで"イエス"と答えた平均人数は $(1-\beta) n \cdot \alpha$ である。したがって，平均的には関係式

$$n\hat{p} = \beta n \cdot \theta + (1-\beta) n \cdot \alpha$$

が成り立ち，これを θ について解けば，この場合の推定値は

$$\hat{\theta} = \{\hat{p} - (1-\beta)\alpha\}/\beta$$

となる。

ここで，$\hat{\theta}$ のバラツキを表す分散を計算してみよう。そのためには，まず $\hat{p}$ の分散を求める必要がある。いま，非常にたくさんの人に対して調査を行った場合，すなわち数学的には $n \to \infty$ としたときの"イエス"と答える人の割合を p とする。

このとき，$n\hat{p}$ は2項分布にしたがう確率変数となり，その平均は np，分散は $np(1-p)$ となる（第11話参照）。これより $\hat{p}$ の平均と分散は，それぞれ p, $p(1-p)/n$ となる。

これを用いて麻薬経験者の割合の推定値 $\hat{\theta}$ の分散を計算してみよう。まず $\hat{\theta}$ の平均 $E[\hat{\theta}]$ を計算すると，$\hat{p}$ の平均が p だから，次のようになる。

$$E[\hat{\theta}] = \{p - (1-\beta)\alpha\}/\beta$$

ところで、$\hat{\theta}$ の分散は、$\hat{\theta}$ からその平均 $E[\hat{\theta}]$ を引いて2乗した量の平均であるから、$\hat{p}$ の分散が $p(1-p)/n$ であることから、次のように計算できる。

$$E[(\hat{\theta}-E[\hat{\theta}])^2]=E\left[\left\{\frac{\hat{p}-(1-\beta)\alpha}{\beta}-\frac{p-(1-\beta)\alpha}{\beta}\right\}^2\right]$$

$$=E\left[\left(\frac{\hat{p}-p}{\beta}\right)^2\right]=\frac{1}{\beta^2}E[(\hat{p}-p)^2]=\frac{1}{\beta^2}\cdot\frac{p(1-p)}{n}$$

ここで p と n は与えられる定数と考えられるから、β の値を大きくすれば、$\hat{\theta}$ の分散は小さくでき、真の割合 θ に対する良い推定値が得られることになる。

ただし β の値を大きくすることは、質問1の選ばれる確率が大きくなり、したがって、知りたい割合に対する情報がたくさん得られるような調査方法であることに注意してほしい。

例えばサイコロを1回投げて、6の目以外が出たときに質問1に答え、6の目が出たときには質問2に答えるように依頼する場合を考える（$\beta=5/6$）。このような場合には、質問1の選ばれる確率の高いことが調査対象者に分かるため、質問1には正直に答え難くなると考えられる。

極端な場合 $\beta=1$ とすれば、すべての人が質問1に回答することになり、嘘の回答が増える可能性が高くなってしまう。したがって実際には、調査対象者に不安を抱かせない範囲で、β の値を大きくするような調査方法をとるべきであろう。

しかしこのような工夫をいくらしても、デリケートな質問には嘘をつく確率が0ではないかもしれない。このような状況の解析も行われてはいるが、かなり複雑になるので、ここでは省略する。

第15話

数値例による検討

最後に、簡単な数値例を考えてみよう。いま、若者50人に次の質問1、2をしたとしよう。

質問1：あなたは麻薬を吸った経験がありますか？

質問2：あなたの携帯電話の末尾の数字は偶数ですか？

まず、コイン投げにより質問を選ぶ場合を考える。すなわちコインを投げて表が出たら質問1に、裏が出たら質問2に答えるものとする。また、携帯電話の末尾が偶数である割合は、$\alpha = 1/2$ とする。

このとき、もし15人の若者が "イエス" と答えたとすれば、$\hat{p} = 15/50 = 3/10$ であるから、麻薬経験者の割合の推定値は、

$$\hat{\theta} = 2 \times (3/10) - (1/2) = 0.10$$

と計算できる。

次に、サイコロ投げにより質問を選ぶ場合を考える。すなわちサイコロを投げて6以外の目が出たら質問1に、6の目が出たら質問2に答えるものとする。したがってこの場合は、$\beta = 5/6$ である。

このとき、上の例と同様、もし15人の若者が "イエス" と答えたとすれば、$\hat{p} = 15/50 = 3/10$ であるから、麻薬経験者の割合の推定値は、

$$\hat{\theta} = \{(3/10) - (1/6) \times (1/2)\}/(5/6) = 0.26$$

となる。

これら2つの例では、"イエス" と答えた若者の割合は、いずれも30%であったが、麻薬経験者の推定値は、コイン投げの場合は10%、サイコロ投げの場合は26%とかなり異なる。

サイコロ投げの場合には、興味ある質問1に回答する確率が高いので、調査から得られた "イエス" の割合と麻薬経験者の推定値が近い値となっているのである。

第IV章 統計的推測はどこまで可能か

第16話 野生動物の総数, どうやって推定する？（最尤法）

外来魚の総数は？

近年，環境破壊等により絶滅が危惧される動物の種類が増加しつつある。いっぽう全国各地の湖などでは，日本固有の魚が外来魚に駆逐されつつあるとの報告もある。

となると，絶滅危惧動物や外来魚の数を特定することは，重要な調査研究である。しかしそれらを1匹1匹数えあげるわけにはいかない。このような場合には，統計学で古くから知られている捕獲─再捕獲法とよばれる方法を適用すれば，動物の総数を推定することができる。

この方法のアイデアはごく自然で簡単なものである。例として，ある湖に棲息するある種の外来魚の総数 N を推定する問題を考えよう。以下では簡単のために，この湖には外来魚は1種類しか棲息していないとする。

まず湖をいくつかの領域に分割し，その中からランダムに1つの地点を選ぶ。次にその地点で魚を捕獲し，外来魚に印を付けてからすぐに湖に放す。ここで印を付けた外来魚の数を n とする。何日か経ってから，またランダムに湖のある地点を選び，そこで魚を捕獲する。このとき外来魚が M 匹捕らえられ，その中に印の付いた魚が m 匹再捕獲されたとしよう。

捕獲─再捕獲法

このようなデータが得られたとき，この湖に棲息している外来魚の総数 N は，どのようにして推定すればよいだろうか。

もちろん，外来魚の総数は1回目に印を付けた数 n と，2回目に捕らえられた中で印の付いていない数 $M-m$ の和以上，すなわち，$N \geq n+M-m$ であることはすぐに分かるが，おそらく $n+M-m$ は N よりずっと小さいであろう。そこで別の N の推定法を考えてみよう。

まず，1回目に印を付けた外来魚の割合は $n/N(=p)$ である。2回目に M 匹の外来魚を捕らえるのは，実際にはいっぺんに行うのであるが，これを1匹ずつ捕らえたと考え，外来魚を1匹ずつ捕らえる実験を2項試行とみなすことにしよう。すなわち毎回の試行（魚を1匹ずつ捕らえる試行）では，魚に印が付いているか否かだけに興味があり，毎回の試行は独立であり，毎回の試行で印の付いた魚の捕らえられる確率は一定 (p) と仮定する。

この場合，2回目に捕らえられた M 匹の外来魚の中で，印の付いた魚の数は，試行回数が M，事象の起こる確率が p の2項分布にしたがう。したがって，その平均は Mp であるので，これを実際に捕らえられた印の付いた外来魚の数 m と等しいとおくと，$p=n/N$ であるから，

$$Mp = M \cdot (n/N) = m$$

となる。これを N について解いた式により外来魚の総数の推定値 $\hat{N}$ を求めるのは自然であろう。すなわち

$$\hat{N} = (M/m) \cdot n$$

によって総数 N を推定するのである。このようにして野生動物等の数を推定しようとする方法を，「捕獲—再捕獲法」とよんでいる。

現実の例で計算してみよう。次の表16-1は，1970年にニューヨーク州のドライデン湖で行われたスズキとカマスの捕獲—再捕獲のデータである。

魚の種類	1回目の捕獲数 n	2回目の捕獲数 M	再捕獲された数 m
スズキ	213	104	13
カマス	232	329	16

表16-1 スズキとカマスの捕獲—再捕獲のデータ
(出典:モステラー他 1979,参考文献23)

まずスズキの総数の推定を行う。上表より,最初に印を付けた数は $n=213$,2回目に捕獲された $M=104$ 匹の中で再捕獲された(印の付いた)魚の数は $m=13$ である。したがって総数 N の推定値は,

$$\hat{N} = (104/13) \times 213 = 1704 匹$$

となる。

同様にカマスの総数の推定を行うと,この場合は $n=232$, $M=329$, $m=16$ であるから,

$$\hat{N} = (329/16) \times 232 = 4770.5 \approx 4771 匹$$

と計算できる。

捕獲—再捕獲法により得られたデータに基づいて,このような方法で野生動物等の総数の推定を行う方法は直感的で分かりやすいが,統計的には何か意味を持っている方法なのだろうか。以下では,このことについて考える。

最も尤もらしい値を得る方法——最尤法

まず,次のような人工的な例を考えてみよう。いま,あるつぼの中に白玉と黒玉が入っているとし,その比は 4:1 であることは分かっているが,どちらが多いかは分かっていないとし

第16話

よう。すなわち白玉の比の値は，$\theta=1/5$ または $\theta=4/5$ のどちらかである。このとき，どちらの θ の値が尤もらしそうであろうか。

もしデータが何もなければ，直感で決めるしかない。しかしもし，このつぼからランダムに 5 個の玉を取り出したとき，5 個とも白だったとすれば，白玉の比率は $\theta=4/5$ と考えるのが自然だろう。また白が 1 個だけで残り 4 個が黒だったとしたら，$\theta=1/5$ の可能性が高いと考えるだろう。

このことを，もう少し定量的に考えてみる。いま，つぼからランダムに取り出した 5 個の玉のうち，白玉の個数を X とする。簡単のために，毎回取り出した玉を元に戻してから次の玉を取り出すとする（復元抽出）。

この場合には，毎回の抽出で白玉の得られる確率は一定であるから，これは 2 項試行と考えられ，したがって X の確率分布は 2 項分布となる。これより，例えば 5 個の玉すべてが白の確率 $P[X=5]$ は，次のように与えられる。

$P[X=5] = {}_5C_5 \theta^5 (1-\theta)^{5-5} = \theta^5$

この値は θ によって変化するが，もし $\theta=4/5$ とすれば，

$P[X=5] = 1024/3125 \approx 0.33$

となる。これに対して，もし $\theta=1/5$ とすれば，

$P[X=5] = 1/3125 \approx 0.0003$

となる。すなわち 5 個の玉を取り出したとき，5 個とも白玉である確率は，$\theta=4/5$ の場合は，$\theta=1/5$ の場合より約1000倍高いことになる。したがってこのようなデータが得られた場合には，$\theta=4/5$ と考える方が妥当だろう。

次に 5 個のうち白玉が 1 個だけだった場合，すなわち $X=1$ の場合について考える。上と同様に，2 つの θ の値のそれぞれのもとで，$X=1$ となる確率を計算する。$\theta=4/5$ のときには

第Ⅳ章　統計的推測はどこまで可能か

$P[X=1]={}_5C_1\theta^1(1-\theta)^{5-1}=5\cdot\theta\cdot(1-\theta)^4=4/625$

となる。これに対して $\theta=1/5$ のときには，

$P[X=1]=5\cdot\theta\cdot(1-\theta)^4=256/625$

となり，2つの場合の確率の比は 1：64 となる。したがってこのようなデータが得られた場合には，$\theta=1/5$ と考える方が妥当だろう。

ところで，このような考え方のポイントは何であろうか。それは，パラメータ θ の値によって，現実に与えられたデータ（$X=5$，$X=1$ など）を得る確率が変化することに着目して，この確率が大きくなるような θ の値を尤もらしいパラメータの値と考える点にある。すなわち，与えられたデータが最も出現しやすい値を，未知パラメータ θ の推定値としようというわけである。

この考え方を拡張すれば，上の玉の抽出の例では次のようになる。

いま，白玉の比率 θ の値はまったく未知であるとする。すなわち θ は 0 以上 1 以下のすべての値を取りうるとする。このとき，例えば $X=1$ となる確率は，未知のパラメータ θ を用いて表現すれば，

$P[X=1]={}_5C_1\theta^1(1-\theta)^{5-1}=5\cdot\theta(1-\theta)^4$

で与えられる。これは θ の関数と考えられるから，θ を $0\le\theta\le 1$ の範囲で動かしてこの確率を最大にする値 $\hat{\theta}$ を求めれば，簡単な計算により $\hat{\theta}=1/5$ となる。

このようにして未知パラメータの値を推定する方法は，「最尤法」とよばれている。また与えられたデータの得られる確率を未知パラメータ θ の関数と考えたものを尤度（関数），これを最大にする推定値 $\hat{\theta}$ を最尤推定値とよんでいる。この最尤法は1925年頃にフィッシャー（Fisher, R.A.）によって一般的

推定法として定式化されたが，さまざまな良い性質を持っており，統計学の中で重要な方法である。

捕獲―再捕獲法と最尤法

我々は最初の部分で，捕獲―再捕獲法により得られたデータ (n, M, m) に基づいて，魚の総数 N に対する直感的に良さそうな推定値 $\hat{N} = (M/m) \cdot n$ を求めた。実はこれは，ほぼ最尤推定値と等しくなることが示せるのである。

正確には，この場合の最尤推定値は

$$\hat{N} = [(M/m) \cdot n]$$

となる。ここで $[(M/m) \cdot n]$ は，$(M/m) \cdot n$ を超えない最大の整数を表す。この証明は少し厄介なので省略することにし，ここではもう1つの捕獲―再捕獲法に基づく最尤推定値について考えてみよう。

ここでの問題は，初めの例と同じく，ある湖に棲息するある種の魚の総数 N の推定である。この場合も，湖の1つの地点をランダムに選び，その地点で捕獲した n 匹の魚に印を付けてから湖に放す。

次に，例えば3日ごとに，湖のランダムに選んだ地点で1匹ずつ魚を捕獲し，印の付いた魚が捕らえられた時点で実験をやめることにする。そのときまでに行った実験の回数を X とすれば，この X は確率変数と考えられる。

毎回の試行（魚を1匹ずつ捕獲するという試行）で，印の付いた魚が捕獲される確率は一定で，最初に印を付けた魚の割合 n/N と考えられる。このとき，X は 1，2，… という値をとるが，これを一般に k と表し，$X = k$ となる確率 $P[X = k]$ を求めてみよう。

この場合，印の付いた魚が捕獲されない確率は $1 - n/N$ で

あり，それが最初の $(k-1)$ 回続くから，その確率は $(1-n/N)^{k-1}$ となる。そして k 回目には印の付いた魚が捕獲されるのだから，求める確率は

$$P[X=k]=(1-n/N)^{k-1}\cdot(n/N) \quad (k=1, 2, \cdots)$$

で与えられる。

ここでこのような方式の捕獲—再捕獲法では，データ (n, k) が与えられるので，上の確率で未知な量は N である。したがってこれを N の関数と考えれば，これが尤度（関数）となり，この値を最大にする $N(\geq 0)$ が最尤推定値となる。

なぜなら，この場合，与えられたデータ (n, k) が最も出現しやすくなるように，すなわち n を与えたときに，$X=k$ となる確率 $P[X=k]$ が最大となるように，未知パラメータ N の値を決めるわけであり，それは前項で説明した最尤法の考え方になっているからである。

この場合には，尤度関数 $(1-n/N)^{k-1}\cdot(n/N)$ またはその対数をとった関数（対数尤度関数）を，N について微分して 0 とおくことにより，最尤推定値 $\hat{N}=kn$ が得られる。

最後にこの場合の計算例を与えておこう。

最初に $n=200$ 匹の魚を捕獲して印を付け，湖に放したとする。次に一定の間隔で1匹ずつ魚を捕獲したところ，$k=10$ 回目に初めて印の付いた魚が捕らえられたとする。このとき魚の総数 N に対する最尤推定値は，$\hat{N}=10\times200=2000$ 匹と計算できる。

第17話 平均寿命や得票数，幅を持たせて考えよう！（区間推定）

タイヤの平均寿命の推定問題

　乗用車のタイヤを製造しているあるメーカーでは，新製品を売り出す際に，「このタイヤの平均寿命は56000km以上を保証！」との広告を出したいと考えている。いま，このような広告が妥当であるかどうかを調べるために，25本のタイヤについて走行実験を行ったところ，その平均が $\bar{x}=59000$ km，標準偏差が $s=5000$ kmであったとする。このとき，このデータによって広告の科学的な裏付けが得られたと考えてよいだろうか？

　まずこの問題を，第1話で説明した統計学の体系の枠組みにあてはめて考えてみよう（図1-1参照）。この場合，興味があるのは新製品として発売されるタイヤの平均寿命なので，母集団は製造されるタイヤの全体であり，また母集団特性値はそれらの真の平均寿命（μ km）である。もちろん，製造されるタイヤすべての寿命を測定するわけにはいかないので，μ の値は未知である。標本は走行実験を行った25本のタイヤであり，標本特性値はその平均 $\bar{x}$ である。

　ここで問題は，標本特性値 $\bar{x}$ を手がかりとして，未知の母集団特性値 μ の推定を行うことである。より具体的には，第1話の視聴率の例で行ったように，$\bar{x}$ のまわりにある幅 d をつけて，$\bar{x}-d<\mu<\bar{x}+d$ が相当程度の確からしさ，たとえば95%の確率で成り立つような区間を求めることである。

　いま，製造される一つ一つのタイヤの寿命を表す確率変数を X とする。ここで話を簡単にするために，まず X が平均 μ，

分散 σ^2 の正規分布にしたがうと仮定した場合を考えてみよう。さらに標準偏差 σ は既知で、$\sigma = 5000$km であるとしよう。

ところで、調べた25本のタイヤは、寿命が長いものが多く選ばれて $\bar{x} = 59000$km となったのか、寿命が短いものが多く選ばれて $\bar{x} = 59000$km となったのか、1組の標本だけからでは判断がつかない。しかしとにかく、また別の25本のタイヤについて走行実験を行ったとすれば、その平均はおそらく59000kmとはならないだろう。したがって標本平均は、取り出す標本が変われば、その値も変化すると考えられ、確率変数とみなすことができるので、それを $\bar{X}$ と書くことにする。

標本平均 $\bar{X}$ の分布

一般に統計の理論によれば、標本平均 $\bar{X}$ の分布は、平均 μ、分散 σ^2/n の正規分布にしたがうことが示せる。ただし n は標本数であり、タイヤの例では $n = 25$ である。

ここで、$\bar{X}$ の分布の平均が μ、分散が σ^2/n になる理由について考えてみよう。

いま、i 番目の標本の値を X_i と書けば、上の仮定より X_i は平均 μ、分散 σ^2 の正規分布にしたがっている ($i = 1, 2, \cdots, n$)。ところで

$$\bar{X} = (X_1 + X_2 + \cdots + X_n)/n$$

であるから、$\bar{X}$ の平均が X_i の平均 μ と等しくなることは、感覚的に理解できるだろう。しかし $\bar{X}$ の分散は、なぜ X_i の分散 σ^2 の $1/n$ になるのだろうか?

その理由は、一つ一つの X_i の中には、μ に比べてかなり値の大きなものや小さなものが存在するかもしれない。しかし、それら n 個の平均をとってしまうと、$\bar{X}$ の値は真ん中あたりの値をとることが多くなり、したがってバラツキが減少するの

である。そして平均をとる個数である標本数 n が大きいほど,その減少の度合いは大きくなる。

タイヤの平均寿命の区間推定

ここでタイヤの平均寿命の推定の例に戻って考えてみよう。この場合,上の統計の理論によれば,$\overline{X}$ は平均 μ（未知）,分散 $\sigma^2/n = 5000^2/25 = 1000^2$ の正規分布にしたがうことが分かる。したがって第13話で説明したように,$\overline{X}$ からその平均を引いて標準偏差で割るという標準化を行った変数

$Z = (\overline{X} - \mu)/(\sigma/\sqrt{n})$

は,標準正規分布にしたがう。

ここで表13-1の標準正規分布表を用いて,Z の値が95%の確率で入るような原点に関して対称な区間を求めてみよう。$P[Z<1.95] \approx 0.974$, $P[Z<2.00] \approx 0.977$ だから,1.95と2.00の間で比例配分を行えば $P[Z<1.96] \approx 0.975$ となる。これを用いれば

$P[-1.96 < Z < 1.96] = 0.975 - (1 - 0.975) = 0.95$

であることがわかり,結局次の式が成り立つ。

$P[-1.96 < Z < 1.96] = P[-1.96 < \dfrac{\overline{X} - \mu}{\sigma/\sqrt{n}} < 1.96]$

$= P[\overline{X} - 1.96 \dfrac{\sigma}{\sqrt{n}} < \mu < \overline{X} + 1.96 \dfrac{\sigma}{\sqrt{n}}] = 0.95$

この例の場合には区間の下限は

$\overline{X} - 1.96 \cdot \sigma/\sqrt{n} = 59000 - 1.96 \cdot 1000 = 57040$

と計算でき,同様に区間の上限は

$\overline{X} + 1.96 \cdot \sigma/\sqrt{n} = 59000 + 1.96 \cdot 1000 = 60960$

と計算できる。つまり,未知の真の平均 μ は,95%の確率で57040kmと60960kmの間にあることになり,「このタイヤの平均

寿命は56000km以上」との広告を出す科学的根拠が得られたと考えてよいであろう。

ここで得られた区間（57040km, 60960km）は, 真の平均 μ に対する信頼度95％の「信頼区間」とよばれる。またこのようにして, 知りたい値の推定を行う方法を,「区間推定法」とよんでいる。

もし, もう少し慎重に考えることにして, 真の平均 μ が99％の確率で入るような信頼度99％の信頼区間を計算してみよう。その場合は, 標準正規分布表から得られる

$P[-2.58<Z<2.58]=0.99$

を用いれば, 信頼区間は（56420km, 61580km）となり, この場合でも広告の根拠があることになる。

ところで, 上で与えた信頼度が95％と99％の2つの場合の信頼区間を比較すると, 99％の場合の方が, 信頼区間が広くなっていることが分かる。これは, 慎重にものを言おう（信頼度を高くしよう）とすれば, 信頼区間を安全目に（広く）とる必要のあることを表している。一般に信頼度を上げると, 対応する信頼区間の幅は広くなるのである。また, 信頼度は「的中率」, 信頼区間の幅は「信頼の精度」などとよばれることもある。

分散が未知の場合の区間推定

さてここまでの計算では, X の分散の値 σ^2 は既知としていた。しかし, 現実の問題では, 母集団の平均が未知で, 分散だけが既知であるような場合は, ほとんどない。それでは σ^2 が未知の場合にはどう考えればよいだろうか。

未知の母集団の標準偏差 σ（母集団分散 σ^2 の正の平方根）の代わりに, データから値が計算できる標本標準偏差 S を用いて,

第17話

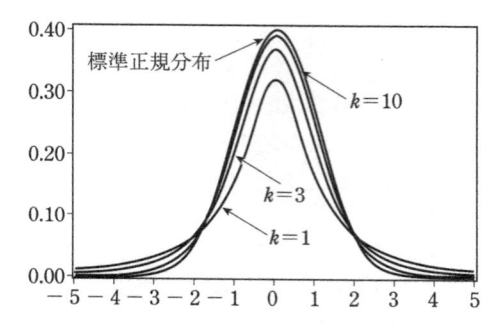

図17-1 自由度 $k=1, 3, 10$ の t 分布のグラフと，標準正規分布のグラフ

$$T = (\overline{X} - \mu)/(S/\sqrt{n})$$

なる量を考えるのは自然だろう．ところが，この場合には T は標準正規分布にはしたがわないので，上と同じ方法で信頼区間を求めることはできない．

しかし統計の理論によれば，この T は自由度 $n-1$ の t 分布とよばれる分布にしたがうことが知られている．ここで n は標本数であり，タイヤの例では T は自由度24の t 分布にしたがうことになる．

「t 分布」は，1908年にゴセット（ペンネームは"スチューデント"）によって導出され，正規分布と同様に対称な分布である．自由度 k が小さい場合には，正規分布より裾が重い（大きな値や小さな値などの，分布の裾の部分の値をとりやすい）分布である．特に $k=1$ の場合は「コーシー分布」とよばれ，最も裾が重い分布である．

また，自由度を $k \to \infty$ とすると，t 分布は標準正規分布に一致することが知られている．$k=1, 3, 10$ の場合の t 分布のグラフの概形が図17-1に与えられているが，$k=10$ の場合には，

すでに標準正規分布にかなり近い分布となっている。

さて，タイヤの例に戻ろう。「t 分布表」とよばれる数表を用いると
$$P[-2.064 < T < 2.064] = 0.95$$
または
$$P[-2.797 < T < 2.797] = 0.99$$
であることが分かる。信頼度95％，99％の信頼区間は，上の例と同様にして，それぞれ（56936km，61064km）および（56203km，61797km），と計算できる。したがっていずれの場合でも，「タイヤの平均寿命は56000km以上」と広告する根拠はあることになろう。

最後に個々のタイヤの寿命 X が正規分布にしたがうとした，本話の最初の項で述べた仮定について考えてみよう。実際にはタイヤの寿命は負の値はとらないから，X の分布は正確には正規分布ではない。しかし，標本平均 $\overline{X}$ は X_1, X_2, …, X_n の和（の $1/n$ 倍）の形をしているので，この場合には第14話で説明したように中心極限定理が成り立ち，したがって $\overline{X}$ の分布は近似的に正規分布と考えてよいのである。

タイヤの例では $n=25$ と標本数が比較的大きいので，$\overline{X}$ の分布は正規分布に非常に近いと考えられ，したがって得られた信頼区間は信用できる値と考えられるのである。

出口調査に基づく得票数の区間推定

区間推定のもう１つの例として，選挙の出口調査に基づいて，ある候補者（N候補）の得票数を推定する問題を考えてみよう。

たとえば，投票を済ませた $n=100$ 人の有権者に投票した候補者を聞いたところ，そのうちの $k=45$ 人がN候補に投票した

と答えたとしよう。この場合，注目しているN候補の得票率は
$$\hat{p} = k/n = 45/100 = 0.45$$
である。この値に基づいて，まずN候補の真の得票率pに対する区間推定を行ってみよう。

この問題では，注目している投票区で投票した人の集まりが母集団，N候補の得票率pが興味のある母集団特性値，出口調査の対象となった人の集まりが標本，その中でN候補に投票した人の割合$\hat{p}$が標本特性値と考えられる。この場合，出口調査の対象とした$n=100$人の標本が変われば，その標本特性値$\hat{p}$は変化するので，$\hat{p}$は確率変数と考えられる。

いま，出口調査の対象となったi番目の人が，N候補に投票したと答えた場合に1，そうでない場合に0という値をとる確率変数をX_iとすれば（$i=1, 2, \cdots, n$），
$$X = X_1 + X_2 + \cdots + X_n \quad (X_i \text{は1または0})$$
はN候補に投票したと答えた人数を表す。出口調査は，第11話で説明した2項試行と考えられるので，Xの分布は2項分布となる。ところで$\hat{p} = X/n$であるから，$\hat{p}$の平均はp，分散は$p(1-p)/n$となる（第15話参照）。

ところで，$\hat{p}$は$X_1, X_2, \cdots, X_n$の和（の$1/n$倍）の形をしているので中心極限定理が成り立ち，したがって$\hat{p}$の分布は近似的に正規分布と考えてよい（第14話参照）。そこで$\hat{p}$からその平均pを引き，標準偏差$\sqrt{p(1-p)/n}$で割るという標準化を行うと，
$$(\hat{p} - p)/\sqrt{p(1-p)/n}$$
は標準正規分布にしたがう量となる（第13話参照）。

しかし，この式の分母には未知の値pが入っていて，このままでは区間推定ができない。そこで分母のpのみを標本から推定した量$\hat{p}$で置き換え，

$$Z = (\hat{p} - p)/\sqrt{\hat{p}(1-\hat{p})/n}$$

とすれば，この Z は近似的に標準正規分布にしたがうことが示せる。このことを用いれば，上で考えたタイヤの例と同様にして，p に対する信頼区間を求めることができる。

すなわち

$$P[-1.96 < Z < 1.96]$$
$$= P\left[-1.96 < \frac{\hat{p}-p}{\sqrt{\hat{p}(1-\hat{p})/n}} < 1.96\right]$$
$$= P\left[\hat{p} - 1.96\sqrt{\frac{\hat{p}(1-\hat{p})}{n}} < p < \hat{p} + 1.96\sqrt{\frac{\hat{p}(1-\hat{p})}{n}}\right]$$
$$= 0.95$$

が成り立つ。この場合の信頼度95％の信頼区間の下限および上限は，それぞれ

$$\hat{p} \pm 1.96\sqrt{\hat{p}(1-\hat{p})/n}$$
$$= 0.45 \pm 1.96\sqrt{0.45(1-0.45)/100} \approx 0.3525,\ 0.5475$$

と計算でき，N候補の真の得票率 p に対する信頼度95％の信頼区間は，(35.25％, 54.75％) となる。したがってN候補の得票数に対する信頼区間は，上で求めた得票率の信頼区間にその投票区での投票総数 N を掛けて，$(0.3525N,\ 0.5475N)$ と求めることができる。

対立候補に勝てるか？

次に，N候補に対立するS候補がいる場合を考えよう。出口調査の結果では，S候補に投票したと答えた人数は，100人中36人であったとしよう。これは，N候補に投票したと答えた人数の45人より20％少ない。したがって，かなりの確率でS候補よりもN候補の得票数の方が多いと言えそうであるが，これは本当だろうか？

ここでS候補の得票率についての信頼度95%の信頼区間を，上の例と同様にして計算してみよう。この場合には，

$$\hat{p} \pm 1.96\sqrt{\hat{p}(1-\hat{p})/n}$$
$$= 0.36 \pm 1.96\sqrt{0.36(1-0.36)/100}$$
$$\approx 0.2659, \ 0.4541$$

となるから，信頼区間は (26.59%, 45.41%) となる。これはN候補の信頼区間とかなり重なっている。すなわちN候補の得票率は少なければ30%台の可能性もあり，またS候補の得票率は40%以上であることも十分考えられる。したがってこの出口調査の結果だけからでは，N候補がS候補をおさえて当選するとは言い切れないことになる。

感覚的には，100人中45人が投票した候補と，36人が投票した候補とでは，かなりの差があるように思う人も多いのではないだろうか？ しかし上の計算によれば，「95%の確率で両候補の真の得票率に差がある」とは言いきれなかったのである。これは出口調査の対象者数（標本数）が，$n=100$人と少なすぎたためである。

極端な例で，出口調査の対象者数を投票区の全有権者数 N とすれば，たとえその差が0.001%であっても，真の得票率には差があることになる。それでは，2人の候補者の標本割合の差が20%のとき，「95%の確率で両候補の真の得票率に差がある」と言えるためには，どのくらいの標本数が必要になるのだろうか。

何人に出口調査をすれば予測が可能か？

いま，出口調査の対象者数を増やし，n 人（$n>100$）にしたとしよう。またこの場合でも，N候補，S候補の標本得票率は，それぞれ45%，36%であるとする。

このとき，N候補の場合の信頼度95％の信頼区間の下端は，上の計算結果より

$$0.45 - 1.96\sqrt{0.45(1-0.45)/n}$$

となる。同様に，S候補の場合の信頼度95％の信頼区間の上端は，

$$0.36 + 1.96\sqrt{0.36(1-0.36)/n}$$

となる。

ところで，「95％の確率で両候補の真の得票率に差がある」と言えるためには，2つの信頼区間が互いに重なり合わなければよいから，次の式が成り立つ必要がある。

$$0.45 - 1.96\sqrt{0.45(1-0.45)/n}$$
$$> 0.36 + 1.96\sqrt{0.36(1-0.36)/n}$$

この不等式の両辺に $\sqrt{n}$ を掛けて整理すれば，近似的に

$$0.09\sqrt{n} > 1.916$$

となり，これより

$$n > (1.916/0.09)^2 \approx 453.2$$

が得られる。したがって，出口調査においてN候補とS候補の得票率の差が9％あったとしても，これが信頼度95％で有意な差であると言えるためには，標本数は $n \geq 454$ と，かなりたくさんの人に質問する必要のあることが分かる。

ここで，与えられた標本得票率の差を有意と判定するために必要な標本数 n は，両候補の標本得票率の値（この例では0.45や0.36）によって変わることに注意が必要である。

第18話 カード当て実験，100回中65回当てたら超能力者？（仮説検定）

透視能力は本物か？

透視や予知などの超常的な感知能力（超能力）をもつという人については，しばしば雑誌やテレビの番組で取り上げられ，興味をそそられるが，このような超能力は実際に存在するのだろうか。

いま，Aさんは色の透視ができるといわれているとしよう。これが本当かどうかを検証するために，次のようなカード当て実験を行ったとする。すなわち，52枚のトランプのカードのなかからランダムに1枚を選んで裏返しにして机の上に置き，透視能力があるというAさんに，このカードが"赤"か"黒"かを当ててもらうのである。

このような実験を100回繰り返したとき，もし98回正しく言い当てたとしたら，ほとんどの人は，Aさんは本当に透視能力を持っていそうだと思うだろう。これに対して，もし52回しか当たらなかったら，Aさんは透視能力など持っていないと思うことだろう。なぜなら，まったくランダムに赤，黒を言ったとしても，平均すれば50回は当たるからである。

それでは，Aさんが100回中65回言い当てた場合はどうだろうか？　ある人は，2/3近くも言い当てたのだから，やはりAさんは透視能力を持っているのだろうと考えるかもしれない。しかし，この程度ならそんなにビックリすることでもないと考える人たちも多いのではないだろうか。

奇跡を信じるか，それとも新説を採るか

そこで，この問題を，統計を使って考えてみよう。まず，Aさんは透視能力を持っていない，すなわち，Aさんはまったく当てずっぽうに答えていると仮定する。そしてこの場合に，100回中65回以上言い当てるのは，どのくらいの確率で起こるのかを計算してみよう。

100回中正しく答える回数を T とする。赤か黒かを言い当てる確率は $1/2$ だから，T はコインを100回投げて表が出た回数と同一視でき，2項分布にしたがうことが分かる。カードの色あて実験の回数を $n(=100)$，毎回の試行で赤か黒かを言い当てる確率を $p(=1/2)$ とすると，第11話で与えた結果を用いると，その平均 μ は

$\mu = np = 100 \times (1/2) = 50,$

標準偏差 σ は

$\sigma = \sqrt{np(1-p)} = \sqrt{100 \times (1/2) \times (1-1/2)} = 5$

となる。

求めたい確率は，$P[T \geq 65]$ であるが，これを正確に計算することは大変である。しかしこの場合には，実験回数 n が100と大きいので，第13話で説明した正規分布による2項分布の近似を用いて，この確率を求めることができる。

そこで，T を標準化する。すなわち，T からその平均50を引き，標準偏差5で割った量 $Z=(T-50)/5$ を考え，それが近似的に標準正規分布にしたがうことを用いて計算するのである。このとき，当てずっぽうによって，100回中65回以上赤・黒を正しく言い当てる確率は，

$P[T \geq 65] = P[(T-50)/5 \geq (65-50)/5]$
$= P[Z \geq 3] \approx 0.0013$

となる。つまり，透視能力のない人が，当てずっぽうで65回以

第18話

上言い当てることは，確率的には1000回に1回程度しか起こらないような奇跡的な出来事なのである。

ところで，Aさんが100回中65回色を言い当てたという事実については，2通りの解釈が考えられる。1つは，Aさんは透視能力を持っていないが，偶然にも1000回に1回程度しか起こらない奇跡的な出来事がたまたま起こったとする解釈である。もう1つは，1000回に1回程度しか生じない奇跡的なことが起きたのではなく，Aさんが本当に透視能力を持っているとする解釈である。

統計の「仮説検定法」では，仮定した命題（Aさんは透視能力を持っておらず，当てずっぽうに答える）のもとで，得られたような実験結果が非常に小さな確率（約1/1000）でしか起こらない場合には，初めに仮定した命題そのものが誤りであったと判断する。きわめてまれにしか生じないことが起こったと考えるよりは，最初の命題が誤りであったと考える方が自然であろうとの根拠に基づいたものである。

上の例においては，「Aさんには透視能力はないが，たまたま1000回に1回程度しか生じない奇跡的なことが起こった」と考えるよりは，「Aさんは本当に透視能力を持っている」と判断した方が自然だろうと考えるのである。

しかし，実際には非常に珍しいことが起こったのかもしれない。このようにして下した判断が間違いの場合もありうるが，これは避けられないことである。

仮説検定の考え方

統計の仮説検定法においては，まず，興味のある命題 H_1，例えば「Aさんは透視能力を持っている」に対して，それを否定する命題 H_0「Aさんは透視能力を持っていない」を設定す

る。そして、否定命題 H_0 が否定できるか否かによって、命題 H_1 の真偽を調べようと考える。

ここで、H_0 は「帰無仮説」、H_1 は「対立仮説」とよばれる。帰無仮説という名称は、興味のある命題が真であることを主張するためには「無に帰する」ことが必要な仮説との意味を表している。

Aさんの透視能力の例では、帰無仮説 H_0 は「Aさんは透視能力を持っていない」とする。しかし、いま注目しているのはカードの色を言い当てる確率 p であり、透視能力を持っていない場合にはランダムに答えるのだから、言い当てる確率は 1/2 である。したがって帰無仮説 H_0 を「$p=1/2$」と考えることもできる。

また、対立仮説 H_1 は「Aさんは透視能力を持っている」であるが、この場合には言い当てる確率は 1/2 よりずっと大きいだろうから、対立仮説 H_1 を「$p>1/2$」と表すことができる。

次に、仮説検定では、帰無仮説がとりあえず正しいものとして、それが実験結果と矛盾していないかどうかを検討する。具体的には、帰無仮説が正しい場合に、得られた実験結果（例えば、100回中65回以上言い当てたという結果）が、どのくらいの確率で生ずるかを計算する。

そして、この確率の値が非常に小さく、きわめてまれなことが起こったのは、初めに正しいと仮定した帰無仮説自体が間違っていたためであると考え、帰無仮説を棄てて、対立仮説を正しいものとして採用しようと判断する。このことを統計の用語では、「帰無仮説を棄却し、対立仮説を採択する」という。

以上が仮説検定の考え方であるが、この手順は図18-1にまとめられている。

第18話

```
┌─────────────────┐    ┌──────────────────────┐
│ 興味のある命題  │───▶│ 帰無仮説 "透視能力無し"│
│ "透視能力有り"  │    │ 対立仮説 "透視能力有り"│
└─────────────────┘    └──────────────────────┘
         │                        │
         ▼                        ▼
┌─────────────────┐      矛盾！  ──▶ 対立仮説を採択
│ 検定：          │─────              (帰無仮説を棄却)
│ データは帰無仮説と│
│ 矛盾していないか？│      無矛盾！──▶ 帰無仮説を採択
└─────────────────┘
```

図18-1　仮説検定の考え方

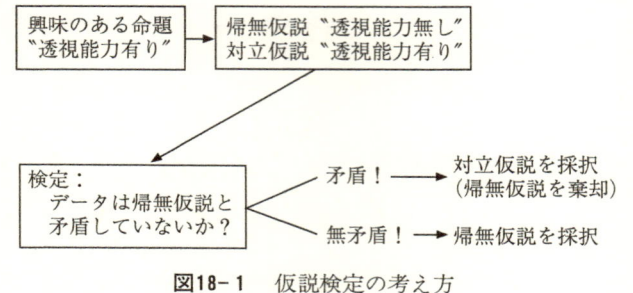

検定の手順

仮説検定とは，実験結果（データ）に基づいて，帰無仮説を棄却（対立仮説を採択）するか，あるいは，帰無仮説を採択（対立仮説を棄却）するかを決めることによって，興味のある仮説のシロクロをつけようとする統計的手法である。

このような仮説検定では，データから計算される適当な統計量（例えば透視能力の例では，言い当てた回数 T）を考える。そしてその値がある条件（例えば $T \geq 59$）を満たす場合に，帰無仮説を棄却する。このとき，その条件を満たす統計量の値の領域（例えば $T \geq 59$）は，「棄却域」とよばれる。一般に，検定で用いられる統計量を T とし，棄却域を $T \geq t$ とするとき，T は「検定統計量」，t は「棄却点」とよばれている。

それでは，棄却点 t はどのように決めればよいのだろうか。上の検定のやり方では，$T \geq t$ の場合に帰無仮説 H_0 を棄却することになるが，この判定は誤りであるかもしれない。したがって棄却点 t の値は，この誤りの確率が小さくなるように決める必要がある。

ところで誤りの確率は，帰無仮説 H_0 のもとで $T \geq t$ となる

確率 $P_0(t)$ であり,透視能力の例では, $t=65$ とすると

$P_0(65) \approx 0.001$

である。同様な計算を行えば,

$P_0(62) \approx 0.008$, $P_0(59) \approx 0.036$

となる。

帰無仮説 H_0 が正しいときに,誤って帰無仮説 H_0 を棄却する確率をどの程度小さくするかによって,異なった検定方式,すなわち棄却域が定まる。透視能力の例では,棄却する確率を 0.05, 0.01, 0.001 と小さくしていくと,棄却域はそれぞれ $T \geq 59$, $T \geq 62$, $T \geq 65$ と狭くなっていく。この,誤って帰無仮説 H_0 を棄却してしまう確率は,「検定の有意水準」とよばれており,5％や1％などの値が使われることが多い。

ここで注意すべきことは,帰無仮説を採択した場合,それは帰無仮説が正しいことを保証することではない点である。それは,"与えられたデータだけでは,それを否定するような十分な証拠が得られなかった"と考えるのが妥当である。そのため,「帰無仮説を採択する」という代わりに,「帰無仮説を受容する(または,棄却できない)」という表現が用いられることもある。

ぬいぐるみをもらえないのはおかしい？

ここで透視能力とは別の,もう1つの例を考えてみよう。いま,あるお菓子会社がキャンペーンをやっており,お菓子を買うとくじが引け,当たるとかわいいぬいぐるみがもらえるとしよう。宣伝では,平均して10回に1回くじに当たるという。

女子高生のさっちゃんは,どうしてもそのぬいぐるみが欲しかったので,せっせとお菓子を買ってくじを引いた。でも30回引いても,1回もくじに当たらず,念願のぬいぐるみがもらえ

第18話

なかった。「もし宣伝どおりなら，3個くらいはぬいぐるみがもらえるはずなのに……」と，さっちゃんは不満に思い，お菓子会社に文句を言おうかと思っている。果して，さっちゃんが文句を言うだけの理由はあるのだろうか？

それを調べるために，この問題を仮説検定の方法を用いて考えてみよう。いま，30回くじを引いたときに当たった回数を T とし，帰無仮説 H_0 を「くじに当たる確率 p は平均して10回に1回である」とし，対立仮説 H_1 を「くじに当たる確率 p は平均して10回に1回よりは少ない」としよう。すなわち H_0 を「$p=1/10$」，H_1 を「$p<1/10$」とする。

このとき，仮に帰無仮説が正しいとしたときに，30回くじを引いても1回も当たらない確率 $P[T=0]$ が非常に小さい（例えば5％や1％以下になる）とすれば，帰無仮説 H_0 は棄却され（したがって対立仮説 H_1 が採択され），さっちゃんが文句を言う根拠があることになる。

そこでこの確率を計算すると，

$P[T=0]=(1-1/10)^{30}\approx 0.042$

となる。したがってもし検定の有意水準を5％とすれば，帰無仮説 H_0 は棄却され，さっちゃんは文句を言うだけの根拠が得られたことになる。つまり，当たりくじが本当に1/10の確率であった場合には，30回に1回も当たらないことは5％以下の確率でしか起こらないので，文句をつけてもよいと判断できそうである。

ところでこの検定の場合には，棄却域はどのように決めればよいだろうか。もし棄却域を $T=0$ とすれば，帰無仮説 H_0 が真のときには，上で計算したように $P[T=0]\approx 0.042$ となる。また棄却域を $T\le 1$，すなわち30回くじを引いて当たった回数が1回以下ならば帰無仮説 H_0 を棄却するという検定を考える

とすれば，H_0 が真のときには，同様な計算により $P[T \leq 1] \approx 0.183$ となる。

したがって有意水準がちょうど5％となるような検定の棄却域を定めることができない。このような場合についての工夫もあるが，通常は帰無仮説 H_0 を真としたときに，検定統計量 T がその実現値 t_0 以下である確率 $P[T \leq t_0]$ を計算し，その値が例えば5％以下の場合に H_0 を棄却するなどという方法が用いられている（以下の「p 値とは」の項参照）。

いくつかの検定方式

くじ引きの例が，透視能力の例と異なるのは，対立仮説 H_1 が「$p < 1/10$」の形になっている点である。この場合には，棄却域は「$T = 0$」あるいは「$T \leq 1$」のように選ぶべきである。なぜなら T の値が小さすぎる場合に帰無仮説 H_0 を棄却すべきだからである。このように，棄却域を，検定統計量 T のとりうる値の範囲の下側にとる検定を「下側検定」とよぶ。

これに対して，透視能力の例の場合のように，棄却域を上側（例えば $T \geq 59$ のよう）にとる検定を「上側検定」とよぶ。これらの検定は，棄却域を実数軸の片側にとる検定なので，「片側検定」とよばれている。

これに対して，棄却域を実数軸の両側にとる検定は「両側検定」とよばれている。例えばコインが正しく作られているか否かを検定する問題を考え，n 回のコイン投げで表の出た回数を T とする。このとき帰無仮説 H_0 は「コインは正しく作られている」であり，対立仮説 H_1 は「コインは正しく作られていない」である。すなわち H_0 は「$p = 1/2$」であり，H_1 は「$p \neq 1/2$」と表せる。ただし p は表の出る確率である。

この場合には，T の値が大きすぎても小さすぎても H_0 を棄

却すべきであるから,棄却域は $t_1 < t_2$ をみたす定数を用いて,「$T \leq t_1$」または「$T \geq t_2$」とすべきである。これが両側検定の場合の棄却域である。

仮説検定における誤り

ところで,不確実性を含んでいるデータから,帰無仮説と対立仮説のどちらが正しいかを判断する仮説検定問題においては,誤った判断を下す可能性が伴うことに注意しよう。実際,われわれは 2 種類の誤りを犯す可能性がある。

すなわち 1 つは,帰無仮説が正しいにもかかわらずそれを棄却してしまう誤りであり,これは「第 1 種の誤り」とよばれる。他の 1 つは,帰無仮説が正しくないにもかかわらずそれを採択してしまう誤りであり,これは「第 2 種の誤り」とよばれる。これら 2 つの誤りをまとめたものが表18-1 である。

透視能力の例の場合には,第 1 種の誤りは,「透視能力がないにもかかわらず,透視能力があると判断する」誤りである。また,第 2 種の誤りは,「透視能力があるにもかかわらず,透視能力がないと判断する」誤りである。

別な例で,2 種類の誤りを考えてみよう。いま,B 氏が事件を引き起こして裁判にかけられ,証拠データに基づいて有罪か無罪かの判決が下されるとしよう。帰無仮説は「B 氏は犯人で

	H_0 を採択	H_0 を棄却
H_0:真	正しい判定	第 1 種の誤り
H_0:偽	第 2 種の誤り	正しい判定

表18-1 仮説検定における 2 種類の誤り

ない」，対立仮説は「B氏は犯人である」とする。この場合には，第1種の誤りは「B氏は犯人でないのに，有罪の判決を受ける」ことであり，第2種の誤りは「B氏は犯人なのに，無罪の判決を受ける」こととなる。

仮説検定においては，第1種の誤りを犯す確率が5％または1％といった有意水準以下になるようにするが，これは「疑わしきは罰せず」の精神を反映したものと考えられる。

2種類の誤りの間には，一方を小さくすると，他方は大きくなるという関係があり，これが問題である。このため，通常は第1種の誤りを犯す確率が有意水準以下になるようにする。そして，第2種の誤りを犯す確率ができるだけ小さくなるような検定方式を考えるのである。

このとき検定方式の「良さ」は，第2種の誤りを犯す確率で測られることになる。これは帰無仮説 H_0 が偽のとき，それを採択してしまう誤りの確率である。逆の言い方をすれば，対立仮説 H_1 が真のとき，帰無仮説 H_0 を採択する誤りの確率であり，この値が小さいほど「良い検定」となる。

実際の基準としては，全確率1からこの確率を引いた1-（第2種の誤りを犯す確率）が用いられるが，これは対立仮説 H_1 が真のとき，正しく H_0 を棄却（H_1 を採択）する確率であり，検定の「検出力（パワー）」とよばれ，検出力が大きいほど良い検定である。

p 値とは

透視能力の例において，帰無仮説 H_0 を対立仮説 H_1 に対して有意水準5％で検定するときの検定方式では，「$T \geq 59$」のとき帰無仮説 H_0 を棄却する。Aさんの実験結果の T の値は65であったので，帰無仮説を棄却して対立仮説を採択すること

になる。

この検定方式によれば，Aさんが60回正しく答えた場合でも同じ結論（H_0 を棄却）となる。しかし，結論は同じでも，65回正しく答えるのと，60回正しく答えるのとでは，その意味あいは異なっているだろう。

このことを明確に表現するため，実験結果から計算される検定統計量 T の値 t_0 を求め，帰無仮説 H_0 のもとで「$T \geq t_0$」となる確率を求める。この確率は p 値とよばれ，Aさんの場合の p 値は，既に求めたように0.0013（0.13％）である。

p 値を求めておくと，p 値が有意水準より小さければ帰無仮説 H_0 を棄却し，そうでなければ帰無仮説 H_0 は棄却できない，と判定することができる。また，p 値には，その値が小さければ小さいほど，対立仮説が成り立つ可能性が高い，という意味もある。実際の検定においては，単に帰無仮説の棄却あるいは採択という結論だけではなく，p 値が与えられる場合が多い。

Aさんの実験結果の p 値は0.13％であるので，有意水準１％の検定で透視能力のあることが示唆されたことになり，その可能性は非常に高いと結論付けられる。

超能力は本当に存在するのか

超能力の実験においては，たんに上述のような簡単な実験だけではなく，よりきめ細かい実験が試みられている。

統計的方法による超能力の有無の判断は，実験データに基づく合理的な判断であって，興味のある命題がデータによって支持されるかどうかを判定している。真の意味での超能力の有無については，別な観点からの考察が必要であることは言うまでもない。

第19話 新薬の有効性，どうしたら判る？（平均の検定）

新薬の開発

一般に，新しい薬が製品となるまでには，非常に長い年月がかかり，そのためにかかる費用も膨大になると言われている。まず，化合物の発見から始まり，試験管試験，動物試験，ヒトによる臨床試験などを経なければならず，市場に出るまでに数年から十数年を要することも珍しくない。そしてその各段階において，開発を続けるか中止するか，また続ける場合には方向性をどう修正するかの決定を行わねばならない。そのような場面では統計的手法が非常に重要な役割を演じている。

新しく開発された薬は治験薬とよばれるが，ここでは単に新薬とよぶことにしよう。新薬の有効性は，標準薬とよばれる一般に使用されている同種の薬剤と比べ，何らかの良さがあるか否かによって検証される。このため，新薬を病気の患者に実際に投与して，一定期間調査することになるが，このような実験が臨床試験とよばれているものである。

薬効を調べる検定とは

ある病気に対する新薬の効果（薬効）について考えてみよう。薬効は，病気が治ったか否かを問題にする場合と，その病気に対する主要な指標の数値がどれだけ改善されたかで測られる場合とがある。ここでは，後者の場合を考え，主要指標の投与直前の値と投与終了時の値との差 X で薬効が測られ，この値が大きければ大きいほど薬の効果があるものとする。

第19話

薬	患者数	平均値	標準偏差
新薬	52 (n_A)	35.5 ($\overline{X}_A$)	10.5 (S_A)
対照薬	48 (n_B)	32.4 ($\overline{X}_B$)	9.2 (S_B)

表19-1 薬効

新薬の薬効を X_A とし，比較の対象とした標準薬（以下対照薬とよぶ）の薬効を X_B と表すことにする。臨床試験により，たとえば実験結果が次のように与えられたとしよう。

十分大きな患者の集団に対して，新薬を投与したときの薬効の平均を μ_A，対照薬を投与したときの薬効の平均を μ_B とする。これらは，母集団における薬効の平均と考えられ，未知の値である。われわれが知りたいのは，μ_A と μ_B の間に差があり，新薬の有効性を保証しうるか否かである。

そこで，臨床試験においては，新薬を n_A 人の患者に，また対照薬を n_B 人の患者に投与し，それぞれの標本における薬効の平均と標準偏差を求める。ここでは，新薬および対照薬の平均と標準偏差を，それぞれ $\overline{X}_A$, S_A および $\overline{X}_B$, S_B と表す（表19-1参照）。

いま，ある臨床試験で，表19-1のように，患者数は $n_A=52$, $n_B=48$ であり，薬効の標本平均値は $\overline{X}_A=35.5$, $\overline{X}_B=32.4$ であったとする。これらの薬効平均値は，それぞれ母集団の薬効平均 μ_A と μ_B の推定値と考えられる。

新薬の有効性，特に「新薬は対照薬に勝る」ことを主張したいのであれば，これを対立仮説 H_1 に定める。いま，それを「新薬は対照薬より有効である」としよう。このような場合，帰無仮説 H_0 は対立仮説の否定命題として，「薬剤間には差が

ない」となる。したがって、新薬の有効性を調べる問題における帰無仮説と対立仮説は、次のように表すことができる。

$H_0: \mu_A = \mu_B, \quad H_1: \mu_A > \mu_B$

このとき、仮説検定の問題は、表19-1のような実験結果に基づいて、上記の仮説の採択または棄却を判定することになる。直感的には $\overline{X}_A - \overline{X}_B$ の値が大きければ、対立仮説を採択するのがよさそうである。

さて、検定においては、帰無仮説が正しいのに、それを間違って棄却する確率を有意水準以下にする必要がある。ここでは、有意水準5％の検定を考えることにする。検定統計量としては、$\overline{X}_A - \overline{X}_B$ をその標準偏差の推定量 S_e で割った

$T = (\overline{X}_A - \overline{X}_B)/S_e$

を用いる。ここで S_e^2 は

$$S_e^2 = \left(\frac{1}{n_A} + \frac{1}{n_B}\right) \frac{(n_A-1)S_A^2 + (n_B-1)S_B^2}{n_A + n_B - 2}$$

で与えられる。S_e は「薬効の差の標準誤差」とよばれる。

この量は、第17話で考えた t 分布にしたがう統計量

$T = (\overline{X} - \mu)/(S/\sqrt{n})$

と類似の量である。

薬効の検定の場合には、注目している量は2つの薬効の差 $(\overline{X}_A - \overline{X}_B)$ であるから、これを $\overline{X}$ の代わりと考える。このとき μ に対応する量は $(\mu_A - \mu_B)$ となるが、これは帰無仮説 H_0 のもとでは 0 である。また、$S/\sqrt{n}$ に対応する量が、この場合には上記の S_e となる。

表19-1のような臨床試験において、患者数を $n_A = 52, n_B = 48$ と固定して、異なる患者に対して実験を行うと検定統計量 T の値は変化するので、T は確率変数となる。したがってその標本分布が考えられるが、帰無仮説のもとでは T の分布は

自由度 $n = n_A + n_B - 2 = 98$

の t 分布であることが知られている。

第17話で説明したように、自由度が大きくなると、t 分布は標準正規分布に近づく。今の場合、自由度は98と大きいので、T の分布はほぼ標準正規分布とみなせる。実際、この分布の上側5パーセント点（その点より大きい確率が0.05となる点）は、t 分布の数値表から1.66であるが、標準正規分布の対応する値は1.65で、両者はきわめて近い値となっている。したがって、この場合には、有意水準5％の棄却域は

$$T = (\overline{X}_A - \overline{X}_B)/S_e > 1.66$$

で与えられる。

ところで、表19-1の臨床試験結果のデータから T の値を計算すると

$$T = (35.5 - 32.4) / \sqrt{\left(\frac{1}{52} + \frac{1}{48}\right) \frac{(52-1) \cdot 10.5^2 + (48-1) \cdot 9.2^2}{52 + 48 - 2}}$$

$$= 3.1/1.98 = 1.57$$

となる。この値は1.66より小さいので、帰無仮説は棄却できず、新薬の有効性は主張できないことになる。

検定統計量 T を用いた検定は、「t 検定」とよばれるが、これは帰無仮説 H_0 のもとでの検定統計量 T の分布が t 分布であることによる。なお、この検定問題においては、薬効量の変動は2つの母集団でそれぞれ同一の分散をもち、かつ、ほぼ正規分布にしたがっていることを前提にしている。

標本数を大きくすると有効！

ところで、表19-1に基づく新薬の有効性検定において、実験データがもう少したくさんあったとしたら、結論は変化する

第Ⅳ章 統計的推測はどこまで可能か

だろうか。新薬の有効性が立証されるためには，検定統計量 T の値が，自由度 n の t 分布の上側5パーセント点 $t_n(0.05)$ と比べて大きければよい。すなわち

検定統計量 T の値 $> t_n(0.05)$

となればよい。

ここで，右辺の値 $t_n(0.05)$ は標本数が増えたとしても，ほとんど変化しないことに注意しよう。なぜなら，上で述べたように，t 分布はその自由度 n が大きくなると標準正規分布に近づくことが知られているので，$t_n(0.05)$ の値は標準正規分布の上側5パーセント点の値1.65に近づくからである。

いっぽう，薬効の差の標準誤差 S_e は，標本数 n_A と n_B が増えるにつれて，$(1/n_A+1/n_B)$ がどんどん小さくなり，全体として小さな値となる。また，分子の標本平均の差 $(\overline{X}_A-\overline{X}_B)$ は，大数の法則（第9話参照）により $\mu_A-\mu_B$ に近づくことが知られている。したがって，$\mu_A-\mu_B$ の値が正であれば，それがどんなに小さくても，標本数を大きくとれば，T の値は大きくなり，新薬の有効性が立証できるようになる。

しかし，通常の仮説検定においては，与えられたデータ数のもとで，仮説が棄却されるか否かを検証するものであることに注意する必要がある。

このように，薬効を仮説検定問題

$H_0: \mu_A=\mu_B, \quad H_1: \mu_A>\mu_B$

として検定すると，$\mu_A-\mu_B$ の値が医学的に意味のある量 Δ（デルタと読む）より小さくても，それが正の値である限り，標本数を大きくすることにより，有効性が主張できてしまうという問題点がある。もちろん，多くの実験データを得ることは，経費負担の増大をまねくことになるため，開発者にとっても好ましくないことである。

このような問題点を克服するアプローチの1つは，医学的に意味のある量 $\Delta(>0)$ を定め，仮説検定問題

$$\bar{H}_0: \mu_A \leq \mu_B + \Delta, \quad \bar{H}_1: \mu_A > \mu_B + \Delta$$

を検定することである。これにより，薬効が対照薬に比べて意味のある量 Δ より大きいかどうかが判断できる。

この場合，検定統計量は，T において $\bar{X}_B$ を $\bar{X}_B + \Delta$ に代えたものを用いればよい。これによって，$\mu_A - \mu_B$ の値が医学的に意味のある量 Δ より小さいにもかかわらず，有効と判定される問題は解消されることになる。しかし，新薬開発者にとっては，開発のためのハードルがより高くなったことになる。

非劣性検定

新薬の認可は，総合的に判断されることになっている。最近では，例えば，副作用が標準薬に比べて少ないとか，あるいは単価が安い，などの利点があれば，有効性検定において有意に優れていなくても，ほぼ同等であればよいと考えられている。

ほぼ同等であることを主張する方法として，先に述べたように医学的に意味のある量 $\Delta(>0)$ を定め，薬効において Δ 以上劣ることはないことを保証するという，「非劣性検定」がある。この検定の帰無仮説および対立仮説は，

$$\tilde{H}_0: \mu_A \leq \mu_B - \Delta, \quad \tilde{H}_1: \mu_A > \mu_B - \Delta$$

と定められる（$\tilde{H}_0$ は H_0 チルドと読む）。この検定は，新薬にハンディキャップ Δ を与えた上で，薬効が標準薬以上であることを示す検定であり，新薬を積極的に受け入れる検定と考えられる。非劣性検定において対立仮説が採択されると，新薬の薬効は標準薬の薬効に比べ Δ 以上悪いことはないことが保証されたことになる。

この場合，有意水準5％の非劣性検定の棄却域は

$\hat{T}=\{\overline{X}_A-(\overline{X}_B-\Delta)\}/S_e>t_n(0.05)$

として与えられる。

実際には，Δ として標準誤差 S_e の50%とする場合が少なくない。このとき，上の例では $\Delta=1.98\times0.50=0.99$ となるので，表19-1 で与えられる実験結果の場合には，

$\hat{T}=2.07>1.66$

となり，非劣性の主張が認められることになる。

なお，Δ の決め方に関しては，統一的な見解はなく，薬効差の標準誤差 S_e の30%が用いられる場合もある。

有意水準は保たれるか

ある疾患について，2つの治験薬が開発されたとし，それらを新薬A，新薬Bとよぶことにする。いま，2つの新薬A，Bの薬効が，標準薬Cの薬効と比べて有効であるかどうかを知りたいとしよう。薬効は量的に測られるものとして，十分大きな患者の集団に対しての新薬A，新薬B，標準薬Cの薬効の平均を，それぞれ μ_A, μ_B, μ_C とする。また，薬効の値が大きければそれだけ有効であるとする。

さて，表19-2 のような実験結果が得られたとしよう。

新薬Aと新薬Bが，それぞれ標準薬Cと比べて有効であるかどうかを調べたいので，2つの検定問題

薬	患者数	平均値	標準偏差
新薬A	15	38.1	5.0
新薬B	15	36.5	4.8
標準薬C	15	33.4	4.5

表19-2 3種類の薬効

第19話

(ⅰ) $H_{0AC}: \mu_A = \mu_C$, $H_{1AC}: \mu_A > \mu_C$
(ⅱ) $H_{0BC}: \mu_B = \mu_C$, $H_{1BC}: \mu_B > \mu_C$

を考え,有意水準5%で検定してみよう。まず検定問題(ⅰ)について,表19-1の有効性検定と同様に t 検定を適用すれば

$$T_{AC} = (38.1 - 33.4) / \sqrt{\left(\frac{1}{15} + \frac{1}{15}\right) \frac{(15-1) \times 5.0^2 + (15-1) \times 4.5^2}{15 + 15 - 2}}$$

$= 2.71 > 1.70 = t_{15+15-2}(0.05) = t_{28}(0.05)$

となる。したがって,新薬Aは標準薬Cより有効であるといえる。同様に,(ⅱ)の t 検定の場合の検定統計量 T_{BC} の値は1.82となり,新薬Bも標準薬Cより有効であると認められる。

しかし,2つの検定をまとめて結論を出す場合に,有意水準は保証されるであろうか。例えば,それぞれの検定の有意水準が5%で,これらの検定が独立であるとしよう。このとき,3つの薬効が等しいときに,誤って新薬Aが標準薬Cよりよい,または新薬Bが標準薬Cよりよいと判断する確率を求めてみよう。AとCおよびBとCが同等であると正しく判断される確率は $(1-0.05)^2$ であるから,そのどちらかが誤って判断される確率は

$1 - (1-0.05)^2 = 0.0975$

となり,5%より大きくなってしまっている。

多重比較法

前項から分かるように,検定を複数回行い,それらをまとめて結論を出す場合,個々の検定の誤りが重なってしまい,全体として大きな誤りを引き起こすことになる。このようなことを防ぐため,1回ごとの検定の有意水準を調整して行う「多重比較法」が考えられている。

表19-2のデータに基づいて,新薬A,Bを標準薬Cと比較することを考えてみよう。この場合には,次のダネットの方法を適用することができる。

この方法では,個々の仮説検定問題(ⅰ),(ⅱ)に対する検定統計量 T_{13}, T_{23} は, T_{AC}, T_{BC} において薬効の差の標準誤差を3つの実験結果を利用した推定値で置き換えたものとして与えられる。検定統計量は $T_{13}=2.13$, $T_{23}=1.41$ と計算される。

個々の検定に対する有意水準5％の棄却点は,自由度 $15+15+15-3=42$ の t 分布の上側5％であって,1.62である。いっぽう,多重比較の場合,有意水準5％に対応する棄却点は1.97である。

多重比較の場合,その棄却点を用いて

$T_{13}>1.97$ ならば, H_{0AC} を棄却し, H_{1AC} を採択する,

$T_{23}>1.97$ ならば, H_{0BC} を棄却し, H_{1BC} を採択する

などと判定する。

この結果,新薬Aは標準薬Cよりよいが,新薬Bと標準薬Cとの間には有意な差がないという結論になる。このような方法においては,例えば,3つの薬効が等しいときに,間違って新薬Aあるいは新薬Bが標準薬Cよりよいと判定する確率は0.05以下であることが保証されている。

第20話 メンデルのデータ，実は捏造されていた！（適合度検定）

メンデルの実験データ

遺伝学の基礎を築いたことで有名なメンデルによる実験データに注目しよう。メンデルは，自家受粉を繰り返し，子孫に異なる形質の現れない，安定した純系のエンドウ豆を選び出した。そして，純粋な形質をもつ2つの親（たとえば種子の形が，丸いのとしわのもの）をかけ合わせた雑種第1代 F_1 や，F_1 の自家受粉によって得られる雑種第2代 F_2 における形質の現れ方を調べ，表20-1のような実験結果を発表した。

このとき，F_1 においては，いつでもいっぽうの親の形質だけが現れることを発見した。これは「優性の法則」とよばれている。また，メンデルは，第2代における分離比が3：1となる法則，すなわち，「分離の法則」とよばれる法則も発見した。

表20-1の実験結果から，分離の法則が正しいと言えるかどうかを検証してみよう。まず，種子の形が丸か，しわかの実験データについて考える。実験は7324回行われ，その結果は表20-2に与えられている。このデータに基づいて，帰無仮説である「分離の法則が成り立つ」を，対立仮説「分離の法則が成り立たない」に対して検定してみよう。

帰無仮説，すなわち分離の法則が成り立つとすると，優性：劣性＝3：1であるから，7324回の実験において 7324×3/4＝5493 回優性が現れることが期待される。また，7324×1/4＝1831 回劣性が現れることが期待される。これらの値はそれぞれ，「優性の期待値」「劣性の期待値」とよばれる。

形質	親の組み合わせ	F_1の形質	F_2の形質		
			優性	劣性	分離比
種子の形	丸×しわ	丸	5474	1850	2.96:1
子葉の色	黄色×緑色	黄色	6022	2001	3.01:1
種被の色	灰色×白色	灰色	705	224	3.15:1
さやの形	ふくれ×くびれ	ふくれ	882	299	2.95:1
さやの色	緑色×黄色	緑色	428	152	2.82:1
花のつき方	側生×頂生	側生	651	207	3.14:1
茎の高さ	高性×低性	高性	787	277	2.84:1

表20-1 メンデルの実験結果

分類	丸	しわ	計
観測値	5474	1850	7324
期待値	5493	1831	7324

表20-2 種子の形(丸,しわ)についての観測値と期待値

　もし,観測値と期待値が似かよっていれば,帰無仮説を否定することはできない。しかし,両者にかなりの違いがあれば,帰無仮説を棄却して対立仮説を採択することになる。

　一般に,n回の実験で,優性がn_1回,劣性がn_2回現れたとしよう。分離の法則が成り立つとしたときの優性,劣性の期待値は,それぞれ

$$e_1 = n \times (3/4), \quad e_2 = n \times (1/4)$$

となる。このとき，観測値と期待値とのズレ，あるいは，近さを測る尺度として

$$T_1 = \frac{(n_1-e_1)^2}{e_1} + \frac{(n_2-e_2)^2}{e_2}$$

が用いられる。T_1 は「カイ2乗(χ^2)統計量」とよばれるが，これは帰無仮説のもとでは，T_1 が自由度1のカイ2乗分布とよばれる分布に近似的にしたがうからである。このような検定は「適合度検定」とよばれる。

一般に，自由度 k のカイ2乗分布とは，互いに独立に標準正規分布にしたがう k 個の確率変数

$Z_1, Z_2, \cdots, Z_k$ の2乗和 $Z_1^2+\cdots+Z_k^2$

の分布である。この分布のグラフは，自由度によって異なるが，$k=1, 3, 8$ の場合のグラフの概形が図20-1に与えられている。

自由度 k のカイ2乗分布は，$k\to\infty$ とすると正規分布に近づくことも知られている。図20-2は，$k=50$ の場合のカイ2乗分布（平均50，分散100）と，それと同じ平均と分散をもつ正規分布のグラフが重ねて描かれているが，これを見ると $k=50$ の場合には，すでに正規分布とかなり近いことが分かる。

さて，メンデルの実験の例にもどろう。自由度1のカイ2乗分布の上側5パーセント点 $\chi_1^2(0.05)$ は，数表より3.84である。したがって，検定統計量 T_1 を用いた有意水準5％の検定方式は，「$T_1>3.84$ ならば帰無仮説を棄却する」で与えられる。いまの場合

$$T_1 = \frac{(5474-5493)^2}{5493} + \frac{(1850-1831)^2}{1831}$$

$$= 0.2629 < 3.84 = \chi_1^2(0.05)$$

となるから，「分離比3：1」を否定することができない，すな

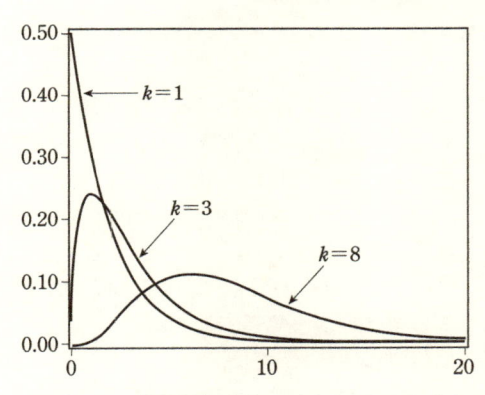

図20-1 自由度 $k=1, 3, 8$ のカイ2乗分布の確率密度関数

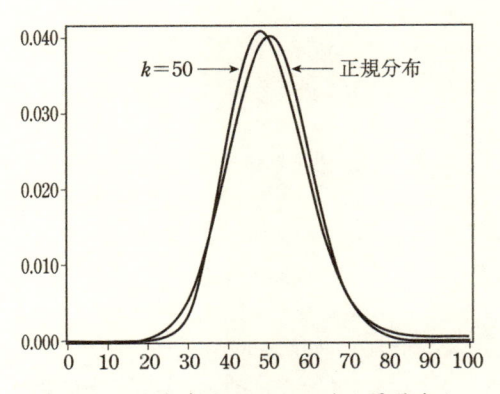

図20-2 自由度 $k=50$ のカイ2乗分布と、それと同じ平均と分散をもつ正規分布のグラフ

わち「分離の法則が成り立つ」という帰無仮説を否定することはできないという結論になる。

さらに,表20-1に与えられている7組の形質に対して,これらすべてについて分離の法則が成り立つという帰無仮説を検定してみよう。この場合の検定統計量としては,それぞれの形質に対して,T_1 のような観測値と期待値のズレ T_1, T_2, …, T_7 を求め,これらの総和 $T = T_1 + \cdots + T_7$ を考えればよい。そして T がある値 t 以上の場合に,観測値と期待値のズレが大きいとして,帰無仮説を棄却すればよい。

ところで,帰無仮説の下では,各 T_1, T_2, …, T_7 のそれぞれの分布は自由度1のカイ2乗分布で近似できるので,すべてを合計した T は自由度7のカイ2乗分布にしたがう変数 χ_7^2 で近似できる。この例の場合には,T の値は2.1389となる。したがって χ_7^2 がこの実現値2.1389より大きくなる確率である p 値(第18話参照)は

$$P[\chi_7^2 \geq 2.1389] = 0.95$$

と,0.05と比べて非常に大きな値で,帰無仮説は否定できないことになる。

しかしここで,観測値と期待値のズレを表す T の値が,メンデルの実験結果で得られた値2.1389より小さくなる確率に注目してみよう。この確率の値は,帰無仮説の下では

$$P[T < 2.1389] = 1 - 0.95 = 0.05$$

と,きわめて小さな値になっている。つまり,このような高い適合が生じるのは,100回に5回程度で,かなり珍しいことが示唆されている。したがって,観測値は期待値に合いすぎているのではないかとの疑念が生じる。

メンデルは表20-1のほかにも,表20-3のような多くの実験データを発表した。これらに対して,統計学者フィッシャー

仮説検定の ための実験	自由度 f	χ_0^2（観測値）	$P(\chi^2 > \chi_0^2)$
3：1の比	7	2.1389	0.95
2：1の比	8	5.1733	0.74
2因子	8	2.811	0.94
遺伝比	15	3.673	0.9987
3因子	26	15.3224	0.95
計	64	29.1186	0.99995
植物による変動	20	12.487	0.90
計	84	41.6056	0.99993

表20-3 メンデルの実験における期待値からのズレを示す χ^2 値と確率

は，観測値と期待値とのズレについてのカイ2乗統計量を求め，その結果を表20-3の一番右側の列のように与えている。表における χ_0^2 は，観測値（実現値）から計算された各カイ2乗統計量の値を示している。

この表から明らかなように，それぞれの場合における p 値は極めて大きく，理論に適合するようにデータが捏造されていたのではないか，という強い疑いが持たれる。さらに，5つの実験全体をまとめた場合の適合度を示すカイ2乗統計量の実現値は29.1となっているが，この値より小さくなる確率は $1-0.99995 = 0.00005$ という極めて小さな値になる。すなわち，このような高い適合度は10万回に5回程度しか起こらないことを示しており，フィッシャーはこの結果について次のように論評している。

「満足すべき説明とはいえないが，どのような結果が得られる

ことが望ましいかを熟知している数名の研究補佐員によって，メンデルは欺かれていた可能性がある。この可能性は実験データのほとんどがメンデルの期待にきわめてよく合うように偽造されていたに違いないという別の証拠によって支持されるものである」。

つまり，フィッシャーは，メンデルのデータは捏造されていた，と推論していたことになる。

人間は自然の無秩序さを模倣できない

イギリスの統計学者であるホールデン（Haldane, J. B. S.）は，遺伝学者によって報告された，仮定された理論にきわめてよく合致するデータを例示している。

また，ホールデンは，データの捏造を発見するために統計家がどのような検定を用いるかについて，実験者が熟知しているとすれば，実験者はそれらの検定によってデータが疑わしいと見破られないように，かつそれでいて，標本誤差の範囲内で想定されている理論がデータに適合するように捏造するであろうと指摘し，これを「2次の捏造（second order faking）」と命名した。

ホールデンは，ある同僚の一人に，コインの表（H）と裏（T）の出現頻度が1：1となる架空のコイン投げをさせ，しかも偽造の疑惑を生じさせないように表（H）と裏（T）の系列を記述するように依頼したところ，その同僚は表20-4のような29個のHと21個のTからなる系列を示してくれた。

HとTの出現頻度が1：1からどの程度ずれているかを示すカイ2乗統計量の値は

$$\chi^2 = (29-25)^2/25 + (21-25)^2/25 = 1.28$$

となった。

```
H T H T H H T H T
H H T T H H T T H H
H T T H H T H H T H
T H H H T H T T H
T H H H T H T T H H
```

表20-4 2次の捏造が示唆される架空データ

　この値を有意水準5％の棄却点，すなわち，自由度1のカイ2乗分布における上側5パーセント点の値3.841と比較すると，HとTの出現頻度が1：1であるという帰無仮説は棄却されない。しかし，上記5つの各行にあるHとTの系列に含まれるHの総数はそれぞれ，6，6，6，5，6であり，各行ごとに出現頻度が1：1であることを検証するためのカイ2乗統計量の値は

$$\chi^2 = 3 \times \{(6-5)^2 + (4-5)^2\}/5$$
$$+ \{(5-5)^2 + (5-5)^2\}/5 + \{(6-5)^2 + (4-5)^2\}/5 = 1.6$$

となった。この値は，自由度5のカイ2乗分布のほぼ上側90％（下側10％）に相当している。

　したがって，各行のHの総数である6，6，6，5，6は，Hの現れる確率が0.5の場合の期待値である5，5，5，5，5に過度に適合していることになり，この意味で2次の捏造が示唆される。

　それでは次に，コインを実際に50回投げ，表の場合はH，裏の場合はTと記した，表20-4と同様な表を作成してみよう。表20-5は，そのような表の一例である。

　この例においては，Hは21回，Tは29回で，カイ2乗統計量

第20話

```
H H T T T T H H T
T H H T H T T T T
H H T T T T T T H
H H T H T H H H T
T T T H H T T T H T
```

表20-5　2次の捏造が否定される
　　　　　　コイン投げデータ

の値は先の例と同様に1.28となった。

しかし、各行ごとに出現頻度が1:1であるという仮説に対するカイ2乗統計量の値を計算すると、その値は4.0となる。この値は自由度5のカイ2乗分布のおよそ上側45パーセント点に相当する値で、今回のデータについては2次の捏造は否定される。

このデータはコインを実際に投げて得られたもので、HとTの出現頻度が等しいという仮説のもとでは、しばしば起こりうる。この場合は捏造されたデータではないので、2次の捏造は否定されている。

表20-4に示した、50回のコイン投げを人間が模倣する架空データにおいては、意識するしないにかかわらず、人間は2次の捏造を行っていたことになるといえよう。このことに関して、ホールデンは「人間は規律正しい動物であり、したがって、人間は自然の無秩序さを模倣することができない。これは、人間の脳にある種の制限があるからである」と言明している。このことを利用して、統計学者はデータの捏造を見破るための諸技術を発展させてきたといえよう。

第21話 サリドマイド服用，奇形発症との関連は？（独立性検定）

2×2 分割表の検定——サリドマイドの服用と奇形発症の関連について

1957年から58年にかけて西ドイツ（当時），スウェーデン，イギリス，日本において，妊婦のつわり症状を鎮める薬として投与されたサリドマイド剤が，多くの奇形を生み出したことは周知の事実である。

サリドマイド服用の有無と奇形発症の因果関係を立証するデータとして，ドイツのレンツ博士によって収集されたデータ（表21-1）がある。このような，4つのセル（マス目）に分類された形式の表は，2×2 の分割表とよばれる。

このデータに関して，わが国のある学者は，以下の2点から，サリドマイド服用と奇形出現の関連を否定した。

（1）サリドマイド非服用者208例中奇形が22例も出生してい

服用＼奇形	有り	無し	計
有り	90(a)	2(b)	92
無し	22(c)	186(d)	208
合計	112	188	300(n)

表21-1 サリドマイドの服用の有無と奇形発症の有無に関する 2×2 分割表

る。10％以上（22/208）の高率は，どうみても納得しがたい。

（2）当時ドイツにおいても，妊娠初期にサリドマイドを服用した母親の割合は約1～3％とされているが，この割合から見ると，表21-1における妊婦のサリドマイド服用率は高すぎる。

しかし，表21-1の調査はケース・コントロール調査とよばれるものであり，上記の批判は正鵠を得たものではない。この点については，吉村功（東京理科大学）が増山元三郎編『サリドマイド』（参考文献22）のなかで論証している。

表21-1から，調査対象者300名のうち，サリドマイドを服用していた人の割合は，92/300＝0.307（30.7％）である。したがって，サリドマイドを服用していなかった人の割合は，69.3％となる。いっぽう，調査対象者中の奇形発症者数の割合は，112/300＝0.373により37.3％，したがって，奇形が発症しなかった割合は，62.7％となる。

ここで，奇形発症の有無とサリドマイド服用の有無に関連があるかどうか調べてみよう。いま，両者に関連がないとしてみよう。この仮定のもとでは，サリドマイド服用者中の奇形発症数の割合と，サリドマイド非服用者中の奇形発症数の割合は等しくなるはずで，その値は0.373と推定できる。

したがって，「サリドマイド服用者中の奇形発症数」は92×0.373＝34.32，「サリドマイド服用者中の奇形非発症数」は，92×0.627＝57.68と推定できる。同様にして，「サリドマイド非服用者中の奇形発症数」および「サリドマイド非服用者中の奇形非発症数」は，それぞれ，77.58および130.42と推定できる。

このようにして得られた推定値は，期待値ともよばれ，これをまとめたのが表21-2である。

ここで，第20話で説明した方法を用いて，「サリドマイドの

第Ⅳ章 統計的推測はどこまで可能か

服用＼奇形	有り	無し
有り	34.32	57.68
無し	77.58	130.42

表21-2 サリドマイドの服用の有無と奇形発症の有無に関する独立性を仮定して計算される期待値の2×2分割表

服用の有無」と「奇形発症の有無」は独立である（関連がない）という帰無仮説を検定してみよう。

表21-1から得られる観測値と表21-2から得られる期待値の差の平方を，それぞれの期待値で割った値の総和を計算すると，次のようになる。

$$T = \frac{(90-34.32)^2}{34.32} + \frac{(2-57.68)^2}{57.68} + \frac{(22-77.58)^2}{77.58}$$
$$+ \frac{(186-130.42)^2}{130.42} = 207.6$$

この統計量は近似的にカイ2乗分布にしたがい，その自由度は3ではなく1である。

このことは，やさしくいえば次のように説明できる。すなわち，表21-1に示した2×2分割表において，合計欄の数値112，188，および92，208を固定した場合，4つのセルのうちの1つの数値，例えば90が固定されると他の3つのセルの数値は自動的に定まり，2×2分割表の4つのセルで自由に変えることのできる数値は1となるからである。

この例の場合には，Tの値は自由度1のカイ2乗分布の上

側1％点 $\chi_1^2(0.01)=6.63$ より明らかに大きな値である。したがって、1％よりずっと小さな有意水準で、サリドマイド服用の有無と奇形発症の有無は関係ないという帰無仮説、すなわちサリドマイド服用の有無と奇形発症の独立性は否定される。

表21-1の2×2分割表に示したように、各セルの観測値を一般に a, b, c, d とおいて、それぞれの期待値である $(a+b)(a+c)/n$, $(a+b)(b+d)/n$, $(a+c)(c+d)/n$, および $(b+d)(c+d)/n$ を求め、上記の T の式に代入して整理すると

$$T=\frac{(a+b+c+d)(ad-bc)^2}{(a+b)(c+d)(a+c)(b+d)} \quad \cdots\cdots(1)$$

という式が導かれる。この式に $a=90$, $b=2$, $c=22$, $d=186$ を代入すると、得られる値は上記の207.6に一致する。

以上述べた方法が「独立性の検定」とよばれるものである。

一般に、観測結果が2つの基準A、Bによって、それぞれ k 個、l 個の事象あるいはカテゴリーに分かれている場合を考えてみよう。基準Aの i 番目のカテゴリーと基準Bの j 番目のカテゴリーが同時に起こる確率を p_{ij}、基準Aの i 番目、基準Bの j 番目のカテゴリーが起こる確率をそれぞれ $p_{i\cdot}$, $p_{\cdot j}$ とする。このとき、独立性の検定とは、「帰無仮説 H_0：すべての i, j に対して $p_{ij}=p_{i\cdot}p_{\cdot j}$」を、「対立仮説 H_1：ある i, j に対して $p_{ij}\ne p_{i\cdot}p_{\cdot j}$」に対して検定する方法である。この場合のカイ2乗統計量の自由度は

$$kl-(k-1)-(l-1)-1=(k-1)(l-1)$$

である。上記のサリドマイドの例は、$k=2$, $l=2$ とした場合の独立性の検定である。

ところで、上記のように奇形発症という事態が起きた場合、その原因を追及するために、奇形児発症以前の妊婦の行動を、

奇形発症のない妊婦の行動と比較することがある。これは「回顧的（レトロスペクティブ）調査」，あるいは「後向き調査」とよばれる。これに対し，ある難病の治療法が開発された場合，その治療法と旧治療法を受ける患者群をランダムに分け，その後の治癒状況（生存，死亡）を比較する方法がある。これは「ランダムクリニカルトライアル（RCT）」とよばれる臨床試験の方法で，先に述べた「後向き調査」に比較して，「前向き（プロスペクティブ）調査」とよばれることがある。

人間がデータを捏造すると，捏造の程度を知らぬうちに過大評価する傾向がある——水銀汚染データの解析

分割表の検定は 2×2 の分割表の検定が最も頻繁に行われるが，2つの基準のカテゴリーが，それぞれ k 個，l 個 $(k, l \geq 2)$ の場合も，実際に問題になることがある。

この場合の分割表は，「多重分割表」，あるいは「$k\times l$ 分割表」とよばれる。ここでは，縦が2つ，横が5つの多重分割表の計算例を，水銀汚染データを解析した論文（吉村　1971，参考文献30）を引用しながら紹介しよう。

新潟県の阿賀野川流域に水俣病患者が出現したというニュースが1965年（昭和40年）6月に報道された。この報道をうけて，厚生省（現在の厚生労働省）内に疫学班が組織され，原因がS社の工場から排出された有機水銀であると断定された。

疫学班の結論は，河口部，下流部に高度の水銀汚染がみられたほか，上流部においても，下流部に比べて程度は軽いものの，水銀汚染があったというものだった。これに対し，S社は，水銀汚染が問題とされた阿賀野川上流地域の頭髪水銀量の分布と，これと比較するために，対照地域として富山県の神通川流域，岡山県旭川流域，高知県物部川流域を選び，その頭髪

第21話

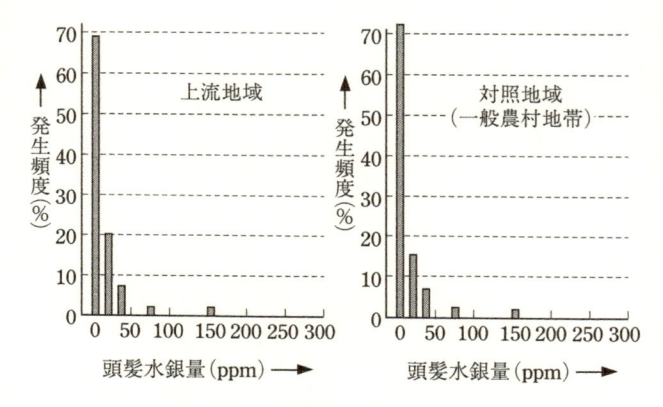

図21-1 阿賀野川流域および対照地域における地域的分布
（出典：吉村　1971，参考文献30の第12図）

水銀量の分布を示した（図21-1参照）。水銀汚染のあった上流地域55名，対照地域44名の水銀量は，以下のように6つのカテゴリーに区分して，その頻度を表21-3のように示した。

ここで，地域と水銀量の関連の有無を調べてみよう。

両者に関連がないとして，各セルの期待値を求め，観測値と期待値の差の平方を期待値で割った値を，すべてのセルについて加え合わせると，次の値が得られる。

$$T = \frac{(38-38.88)^2}{38.88} + \frac{(11-10)^2}{10} + \frac{(4-3.85)^2}{3.85}$$

$$+ 2 \times \frac{(1-1.11)^2}{1.11} + \frac{(32-31.11)^2}{31.11} + \frac{(7-8)^2}{8}$$

$$+ \frac{(3-3.11)^2}{3.11} + 2 \times \frac{(1-0.89)^2}{0.89} = 0.329$$

この値は自由度 $(2-1)(5-1)=4$ のカイ2乗分布の5％水

第Ⅳ章 統計的推測はどこまで可能か

水銀量	10	20	50	100	200	合計
上流地域	38	11	4	1	1	55
対照地域	32	7	3	1	1	44

表21-3 阿賀野川上流地域と対照地域における頭髪水銀量の頻度に関する2×5分割表（出典：吉村 1971，参考文献30の第4表から，下流地域のデータを除いたもの）

準棄却値9.49にくらべるときわめて小さな値である。p値（第18話参照）は98.8%といったように，上流地域と対照地域の水銀量の分布は驚くほど一致していることになる。

この値は，第20話の表20-4の例であれば，10回コインを投げて表（H）と裏（T）が，5行のうち4行すべてにわたりそれぞれ6回と4回で，1行のみが表裏ともに5回となる場合のカイ2乗統計量の値1.6を下回っている。むしろ，各行とも表が5回，裏が5回となる場合のカイ2乗統計量の値0の場合に近いものといえよう。

つまり，S社の担当者は，上流地域と対照地域の水銀量別頻度の分布がほとんど一致していないと，上流地域におけるS社の水銀汚染が公に否定されないと考えていたものと思われる。

吉村論文によると，本来水銀汚染がみられない地域を選ぶべき対照地域にも，イタイイタイ病発症に寄与したとみられる神通川を含めたり，阿賀野川の上流と下流を区別する場所の決定も，対照地域を作為的に決めていたとの疑いがもたれている。

水銀量	10	20	50	100	200	合計
上流地域	38.88	10	3.85	1.11	1.11	55
対照地域	31.11	8	3.11	0.89	0.89	44

表21-4 水銀量と地域の独立性を仮定して計算される期待値の2×5分割表。独立性を仮定した理論値

メタ分析

病院において医師が適切な治療法を決める場合には，異なった情報源から集められた利用可能なすべての証拠を考慮に入れる必要がある。相互にまったく矛盾がないとはいえないが，異なった源泉から得られた多数の結果を系統的に点検し，現時点で最も合理的と思われる1つの結論を得る必要がある。こうした目的の統計的手法が「メタ分析」とよばれるものである。

本話で解説した「サリドマイド服用の有無と奇形発症の有無」，さらには，「喫煙習慣の有無と肺ガン発症の有無」，「2重盲検法による新薬の効果判定」といったようなテーマのそれぞれに関して，異なる研究者から報告されている研究例が少なくない。こういった同一のテーマを取り扱った，複数個の多重分割表データをまとめるメタ分析の手法の1つに，"マンテル・ヘンツェル検定"とよばれる方法が広く利用されている。

メタ分析は1980年代以降，主に医学の分野で始まったが，1990年代になると心理学，社会学の分野においても急速に広まった。日本では，メタ分析は，現状では十分に進展しているとは言いがたいが，今後，この手法は医学データに限らず，広く行動科学のデータに対しても適用されていくであろう。

第V章
多変量の情報をうまく活かす
―― 多変量解析の考え方 ――

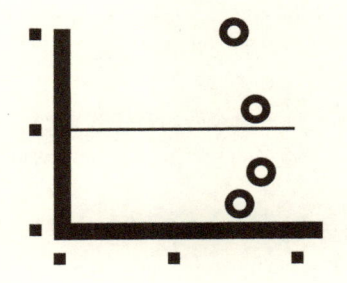

第22話 背の低い父親からは，背の高い息子が生まれる!?（相関・回帰）

多変量解析とは

これまでは，主として1つの変数についての測定値に基づいて，母集団の興味ある特性について有用な情報を得る方法をみてきた。測定値には不確実性がともなうため，得られる結論にも不確実性がともなうが，「不確実性の度合い」は数量的に与えられていたことに注意しよう。

第22話から第26話までは，多くの個体（被験者）について，2つ以上の変数についての測定値が与えられたときの分析法である「多変量解析」に焦点を当てる。多変量解析においては，変数を個々に独立させずに，各変数間の相関関係を分析する。さらに，変数間の相関関係を利用して，個々の変数だけの分析では得られない新たな情報を得ることを目指す（例えば，塩谷 1990，参考文献5などを参照）。

第22話では，親と子の身長の測定値を基にして，両者の関係を明らかにし，その遺伝的しくみについての理解を深める。

親子の身長のデータ

親の身長と，子供の身長の間にはどんな関係があるのだろうか。

遺伝学者として知られるゴールトンは，1885年に王立人類学研究所で行った講演で，親と成人した子供の身長についてのデータを発表した。

まず，そのデータについて説明しよう。親の身長は，母親の

第Ⅴ章　多変量の情報をうまく活かす

子供の身長(インチ)	親の身長（インチ）										計
	63-64	64-65	65-66	66-67	67-68	68-69	69-70	70-71	71-72	72-73	
73−74						3	9	6	4	9	31
72−73			1		4	4	11	4	9	8	41
71−72			2		11	18	20	7	4	2	64
70−71			5	4	19	21	25	14	10	1	99
69−70	1	2	7	13	38	48	33	18	5	2	167
68−69	1		7	14	28	34	20	12	3	1	120
67−68	2	5	11	17	38	31	27	3	4		138
66−67	2	5	11	17	36	25	17	1	3		117
65−66	1	1	7	2	15	16	4	1	1		48
64−65	4	4	5	5	14	11	16				59
63−64	2	4	9	3		7	1	1			32
62−63		1		3	3						7
61−62	1	1	1			1		1			5
計	14	23	66	78	211	219	183	68	43	23	928

表22-1　205組の親の身長に対する928人の成人した子供の身長

身長と父親の身長の平均値であるが，父親の身長は母親の身長に比べて8％高いとみて，母親の身長をすべて1.08倍し，

　親の身長＝（父親の身長＋母親の身長×1.08）/2

としている。また，表22-1における成人した子供の身長においても，女性の場合は1.08倍した値が用いられている。

表22-1のようなデータは「分割表」あるいは「クロス表」とよばれ，この場合は親と子供の身長が1インチ間隔でクラス分けされている。たとえば，親の身長が68インチより大きく69インチ以下で，子供の身長が73インチより大きく74インチ以下

第22話

	平均値	標準偏差
子供	68.09	2.52
親	68.31	1.79

表22-2 平均値と標準偏差

のます目には数字3が記入されているが，これはその範囲に属する親子が3組あることを意味している。

このような観測データから，平均値や標準偏差を求める場合，その観測データは各クラス（階級）の中央の値とみなして計算される。例えば68インチより大きく69インチ以下のクラスに属する観測値は68.5インチとみなされる。このとき，親と子の平均値，標準偏差はそれぞれ表22-2のように求められる。

ここで，子供の標準偏差は親のものより大きいことに注意しよう。これは，親子のデータにおいて，同一の親から生まれた子の身長は異なるが，親の身長は同じであることを考えれば納得できるであろう。また，子供の身長は個人の身長であるのに対して，親の身長は（補正した）平均を用いていることもその要因と考えられる。

平均への回帰

さて，ゴールトンは親と子供の身長の関係をみるため，親の身長をクラスごとに固定し，対応する子供の身長のクラスごとの平均値や標準偏差を求めた（表22-3）。このような平均値や標準偏差はそれぞれ，親の身長を与えたときの子供の身長の「条件付き平均値」，「条件付き標準偏差」ともよばれる。例えば，親の身長が66.5のときの値は，親の身長が66より大きく67以下である観測データから計算された，子供の身長の平均値と標準偏差を意味している。

子供の身長のクラス平均がどのように変化しているかを詳し

第Ⅴ章　多変量の情報をうまく活かす

親の身長	63.5	64.5	65.5	66.5	67.5	68.5	69.5	70.5	71.5	72.5
平均値	65.3	65.4	66.7	67.1	67.6	68.0	68.7	69.6	70.1	72.1
標準偏差	2.132	2.104	2.415	1.952	2.152	2.240	2.465	2.176	2.225	1.561

表22-3　クラスごとの平均値と標準偏差

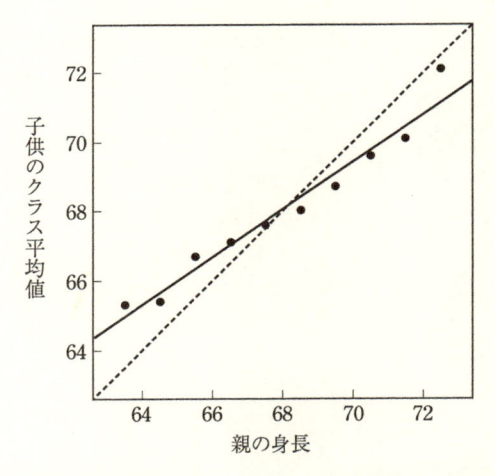

図22-1　親の身長と子供のクラス平均値，回帰直線

くみるため，図22-1が与えられている。この図は，横軸を親の身長，縦軸を親の身長に対応する子供の身長のクラス平均とし，対応する値を●印で表したものである。図にはまた，これら10個の点に最も適合し，親子の身長の平均値を通る直線が描かれている。

このような直線は，次に示す「最小2乗法」の考えを用いて

合理的に描くことができるが、当時はまだ、その考え方が使われておらず、直感を含む何か他の規準で直線をひいたものと思われる。点線は傾き1の直線である。

親の身長 x について、各クラスの中央の値を小さい順に x_1, $\cdots$, x_{10} とし、対応する子供の身長 y のクラス平均を y_1, $\cdots$, y_{10} とし、当てはめる直線の式を $y=a+bx$ としよう。図22-1には、10個の点 (x_1, y_1), (x_2, y_2), $\cdots$, (x_{10}, y_{10}) が●印で示されている。

ここで、x_1 のときの y の値 y_1 と、直線上の点 $a+bx_1$ との差の2乗は

$$(y_1-a-bx_1)^2$$

である。10個の点すべてについて、このような y の値と当てはめた直線との差の2乗を考え、それらの総和

$$(y_1-a-bx_1)^2+(y_2-a-bx_2)^2+\cdots+(y_{10}-a-bx_{10})^2$$

が最小になるように係数 a, b を決める方法は「最小2乗法」とよばれる。この方法によって a, b を求めると

$$a=21.16, \quad b=0.690$$

となる。

このようにして求められた直線

$$y=21.16+0.690x$$

は、y の x に対する「回帰直線」とよばれる。図22-1にはこの直線が描かれている。この回帰直線を用いれば、子供の身長を

$$21.16+0.690\times(親の身長)$$

として予測することができる。

さて、ゴールトンは、親と子供の身長の関係を回帰直線で示したが、そのことから何がわかるだろうか。

ここで注目すべきことは、両者の関係を表す回帰直線の傾き

が，勾配1の点線の傾きより小さいことである。もし，親の身長とその親から生まれた子供の身長の平均値がすべて一致すれば，両者の関係を表す直線は傾き1の点線と一致するはずである。

しかし，実際の勾配は約0.690であり，背の高い親から生まれる子供はおおむね親より低く，また背の低い親から生まれる子供はおおむね親より高い傾向にあることを示している。さらに，この傾向は，親の身長がその平均から離れるにしたがって，より顕著になるのである。これがゴールトンの示した「回帰現象」であり，「平均への回帰」あるいは「先祖がえりの現象」とよばれているものである。

ゴールトンが発見した平均への回帰は，次のようにも述べることができる。「非常に背の高い親から生まれる子供は親より背が低く，非常に背の低い親から生まれる子供は親より背が高くなる傾向がある」。

平均への回帰はいっけん奇妙に思われるかもしれない。これに対して，ゴールトンは次のように説明している。「もし，平均への回帰が起こらないとしてみよう。そうすると，非常に背の高い親から生まれる子供の平均は親と同程度あるいはそれ以上と考えられる」。

この場合，これらの子供の何人かは非常に背の高い親よりさらに高くなる。この現象を次の世代で考えると，さらにいっそう背の高い子供がいることになる。同様に考えると，非常に背の低い親の子供の何人かはさらに低くなる。このような現象が続くと，非常に背の高い人もいれば，非常に背の低い人もいて，この傾向は世代が進むにつれて顕著になる。しかしこれは，ヒトの身長の平均は比較的安定しているという事実に反することになり，平均への回帰が主張されたことになる。

第22話

相関係数と回帰直線

　親の身長と子供の身長の間には直線的傾向があるが，その傾向の強さは，相関係数と密接に関係している。しかし，ゴールトンが上のような解析をした時点では，相関係数は明確な形では与えられていなかった。ゴールトンは，その後の論文で相関係数を考えているが，今日のような定義は1895年に K. ピアソンによって導入された（第6話参照）。

　一般に変数の組 (x, y) についての観測値から，y の x に対する回帰直線は次のように求められる。

　x の平均，標準偏差をそれぞれ $\bar{x}$, s_x, また y の平均，標準偏差をそれぞれ $\bar{y}$, s_y とし，両者の間の相関係数を r とする。このとき，最小2乗法による最適な直線，すなわち回帰直線は

$$y = \bar{y} + r \cdot (s_y/s_x)(x - \bar{x})$$

と表せる。x の係数 $r \cdot (s_y/s_x)$ は「回帰係数」とよばれる。相関係数 r の絶対値は1以下であるので，$s_y/s_x \leq 1$ である限り，回帰直線の傾きの絶対値は1より小さい。また，$s_y/s_x \leq 1$ が満たされなくても，$|r|$ がそれほど大きくなければ，平均への回帰が生じていることになる。

　例えば，表22-1で与えられる観測値から，親と子の身長の相関係数を求めると，0.459となる。ここで，上に与えた最小2乗法による回帰直線を計算すると，子供の身長を

$$68.09 + 0.459 \times \frac{2.52}{1.79} \times (親の身長 - 68.31)$$

$$= 23.96 + 0.646 \times (親の身長)$$

として予測することになる。

　この予測式は，前に求めた子供の身長をクラス平均として回帰直線を求めたときの予測式

　　$21.16 + 0.690 \times (親の身長)$

第Ⅴ章 多変量の情報をうまく活かす

と，定数項や係数が若干異なっている。これは，後者の場合には，子供の身長のクラス平均値を用いたことによる。しかし，例えば親の身長が70インチの場合について，子供の身長の予測値を計算してみると，ここで導いた式によれば69.18インチ，前に導いた式によれば69.46インチとなり，ほぼ一致している。

ところで，子供のクラス平均値を利用して求められた回帰直線においては，クラスの人数は考慮されていないことに注意しよう。この情報を生かすには，クラスの人数を重み付けした最小2乗法，すなわち

$$14 \times (y_1 - a - bx_1)^2 + 23 \times (y_2 - a - bx_2)^2$$
$$+ \cdots + 23 \times (y_{10} - a - bx_{10})^2$$

が最小になるように係数 a, b を求めるとよい。このように係数を決める方法は，「重み付き最小2乗法」とよばれる。このとき，

$$a = 24.46, \quad b = 0.638$$

となり，全標本を用いたときの係数とほぼ一致している。また，この回帰直線は，全標本を用いたときの回帰直線とほぼ重なったものになっている。

以上では，表22-1に示した分割表のデータから，ゴールトンによって観察された親子の身長の関係を取り上げて説明した。ゴールトンはこの他に，各分割の人数が大体等しくなるような分割の中心の軌跡が，ほぼ楕円形であるという指摘をしている。これは後の2次元正規分布の発見に繋がる重要な指摘であった。

第23話 二塁打は打点，単打は得点に貢献する！（重回帰分析）

重回帰分析とは

大学の入学試験や企業の入社試験は，受験者の能力や性格，興味・関心といった情報を収集して，受験者が，大学入学後または企業入社後に良い成績を挙げることができるか否かを予測するために行うものである。

一般に，面接，小論文試験などを含む入学試験の諸科目の成績と入学後の成績，セールスマンの採用試験におけるセールスマンの性格・特性と売り上げ成績といったように，複数個の「説明変数」とよばれる変数群と「目的変数」とよばれる1つの変数が与えられている場合，後者の変数の持つバラツキを前者の変数群のバラツキによって説明する手法は「重回帰分析」とよばれる。これは，経済学，心理学，医学等の分野における予測の手法として広く用いられている。

例えば，医学部の入学試験で「生物」，「化学」および「数学」の3科目の試験が行われた場合，医学部入学後の成績を最も正確に予測する科目の組み合わせはどうなるであろうか。また，老化を予測する説明変数としては，肺活量，血圧といった身体的計測量から，薬の服用回数，病院に通う頻度，運動習慣といった日常の生活習慣などがあると考えられるが，このうち，老化を最も正確に予測する説明変数の組み合わせはどれであろうか。

本節では，こういった問題を探索する統計的手法としての「重回帰分析」法を，3つの数値例を通して解説する。

重回帰分析の基本原理と適用例

第22話において、親の身長によって子供の身長を最小2乗法によって予測する回帰式を導いた。その際、親の身長を「父親の身長に母親の身長の1.08倍を足して2で割った値」として定義した。

父親の身長と母親の身長を1つの変数としてまとめる代わりに、父親の身長を x_1、母親の身長を x_2 としてみよう。子供の身長 y の予測式として

$$\hat{y} = b_0 + b_1 x_1 + b_2 x_2$$

を想定する。ここで b_0, b_1, b_2 は回帰係数とよばれる。このとき、観測値 y_i と予測値 $\hat{y}_i$ の差の平方

$$(y_i - \hat{y}_i)^2 = (y_i - b_0 - b_1 x_{1i} - b_2 x_{2i})^2 \quad \cdots\cdots(1)$$

をすべてのデータについて加算した平方和を最小にする b_0, b_1, b_2 を求める方法が「重回帰分析」とよばれるものである。ただし、(1)式における y_i, x_{1i}, x_{2i} は、変数 y, x_1, x_2 の i 番目の観測データである。

なお、第22話で用いたように、予測式に含める説明変数が1つの場合が「単回帰分析」、予測式に含める説明変数が2つ以上の場合が「重回帰分析」とよばれる。「回帰分析」は、単回帰分析および重回帰分析を合わせた総称となっている。

では、次のような[分析例]を通して、重回帰分析の計算手順を説明しよう

[分析例1] 息子の身長を父親と母親の身長から予測する

大学生の息子1人とその両親の3人で暮らしている18世帯について、親子(父親、母親、大学生の息子)の身長を調べたところ、表23-1のようになった。父親の身長 (x_1) および母親の身長 (x_2) を説明変数として、息子の身長 (y) を予測する

第23話

番号	息子 (y)	父親 (x_1)	母親 (x_2)	番号	息子 (y)	父親 (x_1)	母親 (x_2)
1	180	170	160	10	170	167	162
2	179	172	160	11	170	165	155
3	175	170	160	12	168	163	159
4	174	172	161	13	167	167	153
5	173	170	155	14	167	170	150
6	173	180	160	15	165	165	160
7	173	173	160	16	164	163	158
8	171	163	150	17	162	166	158
9	170	165	155	18	162	167	157

表23-1 18世帯における親子の身長

重回帰分析を行う。y, x_1, x_2 の標準偏差はそれぞれ5.06, 4.25, 3.53であり, y と x_1, y と x_2, x_1 と x_2 の相関係数は, それぞれ, 0.541, 0.286, 0.339であった。

ここで,(1)式の全てのデータについての平方和を最小にする b_0, b_1, b_2 は次のように与えられる。

$b_0 = \bar{y} - b_1\bar{x}_1 - b_2\bar{x}_2$

($\bar{y}$, $\bar{x}_1$, $\bar{x}_2$ は y, x_1, x_2 の平均値)

$$b_1 = \frac{s_y}{s_1} \cdot \frac{r_{y1} - r_{y2}r_{12}}{1 - r_{12}^2} \quad \cdots\cdots(2)$$

$$b_2 = \frac{s_y}{s_2} \cdot \frac{r_{y2} - r_{y1}r_{12}}{1 - r_{12}^2} \quad \cdots\cdots(3)$$

ただし, s_y, s_1, s_2, r_{y1}, r_{y2}, r_{12} は y, x_1, x_2 の標準偏差, および y と x_1, y と x_2, x_1 と x_2 の相関係数である。ここで, 上で与えられた数値を(2),(3)式に代入すると

第Ⅴ章　多変量の情報をうまく活かす

$$b_1 = \frac{5.06}{4.25} \cdot \frac{0.541 - 0.286 \times 0.339}{1 - 0.339^2} = 0.597$$

$$b_2 = \frac{5.06}{3.53} \cdot \frac{0.286 - 0.541 \times 0.339}{1 - 0.339^2} = 0.166$$

および

　$b_0 = 43.58$（定数項）

が得られる。したがって、父親の身長（x_1）と母親の身長（x_2）を用いた息子の身長の予測式は

　　$43.58 + 0.597 \times$（父親の身長）$+ 0.166 \times$（母親の身長）

となる。

例えば、表23-1の1番目の息子の父親の身長は170cm、母親の身長は160cmであるから、息子の身長の予測値は、

　　$43.58 + 0.597 \times 170 + 0.166 \times 160 = 171.63$

となり、実際の値180cmと比較すると低めになる。

このようにして、18名の息子の予測値を求め、それぞれの予測値と実測値の相関係数を求めると0.552となる。

この0.552という値は、「重相関係数」とよばれるもので、父親と息子の身長の相関係数の値0.541を0.011だけ上まわっているにすぎない。したがって、このデータからは、息子の身長は父親の身長によってほぼ予測されていると結論付けられる。

[分析例2] 血圧と年齢

血圧の測定では、最高血圧（x_1）と最低血圧（x_2）が測定される。血圧は加齢とともに増加するといわれているが、どちらかといえば、最低血圧に比べ、最高血圧の方が増加の割合が高い。

20歳から80歳までの男女約2万人のデータ（男性1万人、女性1万人）に基づき、年齢（y）と血圧の相関係数を求めると

第23話

	年齢と最高血圧 r_{y1}	年齢と最低血圧 r_{y2}	最高血圧と最低血圧 r_{12}
男性	0.410	0.103	0.699
女性	0.548	0.300	0.770

表23-2 男女別の，年齢，最高血圧，最低血圧間の相関関数

表23-2のようになった。ここで，最高血圧と最低血圧を説明変数，年齢を目的変数として，男女別に重回帰分析を行ってみよう。

ところで，最高血圧，最低血圧，年齢の標準偏差は，男性の場合には，それぞれ14.455，10.199，12.038，女性の場合は17.704，10.920，12.177であった。

これらの値と表23-2の値を（2）式および（3）式に代入すると，男性の最高血圧，最低血圧に対する回帰係数は，それぞれ

$$b_1 = \frac{12.038}{14.455} \cdot \frac{0.410 - 0.103 \times 0.699}{1 - 0.699^2} = 0.550$$

$$b_2 = \frac{12.038}{10.199} \cdot \frac{0.103 - 0.410 \times 0.699}{1 - 0.699^2} = -0.424$$

および

$$b_0 = 10.281$$

となる。このようにして得られた係数を用いると，予測式は

　　　$10.281 + 0.550 \times (最高血圧) - 0.424 \times (最低血圧)$

となり，重相関係数は0.484となる。

この値は，年齢と最高血圧の相関係数0.410よりも0.074大きくなっており，年齢を最高血圧のみで予測する場合に比べ，最高血圧に最低血圧を加えて予測する方が予測の精度が高くなることがわかる。

同様にして，女性の場合の予測式は，

$$7.177 + 0.536 \times (最高血圧) - 0.334 \times (最低血圧)$$

となり，重相関係数は0.580となり，この値も，年齢と最高血圧の相関係数0.548に比べ，0.032大きくなっている。

ここで，注目されることは，最低血圧と年齢の相関係数は，男性，女性ともプラスの値になっているにもかかわらず，計算された最低血圧の回帰係数 b_2 の値は，男性，女性の予測式においてはいずれもマイナスの値になっていることである。

目的変数に対し，相関の高い2つの説明変数を用いて重回帰分析を行う場合，予測式に組み込む2つの説明変数間の相関係数が比較的大きくなると，2つの説明変数 x_1, x_2 のうち，目的変数 y と相関の高い説明変数の回帰係数がプラス，もう一方の説明変数の回帰係数がマイナスになりやすいことが知られている（柳井・岩坪　1976，参考文献24，田中・脇本　1983，参考文献13）。

男性の場合は，最高血圧と最低血圧の回帰係数の絶対値の比は5対4であるから，この比の値をほぼ1対1とみなすことにより，最高血圧と最低血圧の差として定義される脈圧にほぼ等しくなる。脈圧は50歳頃になると増加し，動脈硬化などのリスクファクターの1つになるといわれている。

この例のように，実際に医学の現場で用いられている指標が，重回帰分析という統計的手法によって導かれる予測式とほぼ一致することは，統計学の応用の有効性を示すものであるといえよう。

第23話

[分析例3] 打点は二塁打，得点は単打——大リーグ打撃成績の重回帰分析

プロ野球の試合は，得点が1対0, 2対1といった投手戦よりも，7対5, 8対6といった壮絶な打撃戦の方が観客を魅了する。周知のように，四死球と失策を別にすると，打撃戦の優劣は，単打数，二塁打数，三塁打数，本塁打数で決まる。

ここで，得点と打点の違いを説明しよう。得点とは，四死球，単打，二塁打，三塁打などで出塁した走者が，後続のバッターによる単打，二塁打，三塁打，本塁打，さらには四死球などによりホームにかえり，チームに得点をあげることである。一方，打者が安打を放ったり四死球を得たとき，その安打や四死球により本塁に返ってきた人数が，打点となる。

本塁打を打った打者は1得点をあげるが，塁上に走者が1人いれば打点は2，走者が2人いれば打点は3，走者が3人いれば満塁ホームランで打点は4となる。したがって，打点と本塁打数の相関係数は，本塁打数と得点の相関係数よりかなり高くなることが予測される。これを実際のデータで確かめてみよう。

2005年の大リーグ（ナショナルリーグ，アメリカンリーグ）のある時期までの，各リーグの打率上位20名のデータに基づいて，打点，得点，単打数，二塁打数，三塁打数，本塁打数相互の相関係数を求め，その結果を表23-3に示す。本塁打数と得点の相関係数は0.534であったが，本塁打数と打点の間の相関係数は0.910ときわめて高い値となった。この意味で，大リーグの打点数はほぼ本塁打数で決まるといっても過言でない。三塁打数は本塁打数と-0.355，打点と-0.234，二塁打数と-0.156といったようにいずれもマイナスの相関を持っている。

ここで，「打点」を目的変数，「単打数」，「二塁打数」，「三塁打数」，「本塁打数」を説明変数として重回帰分析を行い，4元

第V章 多変量の情報をうまく活かす

	打点	得点	単打数	二塁打数	三塁打数	本塁打数
打点	1.0					
得点	0.562	1.0				
単打数	0.309	0.823	1.0			
二塁打数	0.582	0.302	0.284	1.0		
三塁打数	−0.234	0.198	0.403	−0.156	1.0	
本塁打数	0.910	0.562	0.218	0.490	−0.355	1.0
平均値	84.975	92.100	172.475	34.950	3.505	22.550
標準偏差	27.222	18.883	22.388	8.805	3.249	12.293

表23-3 大リーグ(2005年)のある時期までの打点,得点,単打数,二塁打数,三塁打数,本塁打数間の相関係数と平均値,標準偏差

1次の連立方程式を解くことによって得られる回帰係数の値を求めると,「打点」の予測式は以下のようになる。

　12.465+0.060×(単打数)+0.514×(二塁打数)
　　+0.593×(三塁打数)+1.867×(本塁打数)……予測式1

このとき,この「予測式1」に基づく打点の予測値と打点の実測値の相関係数である重相関係数は0.929となる。

ここで注目されるのは,単打数が打点の予測にほとんど寄与していないことである。そこで,回帰係数の小さい単打数と二塁打数を取り除いて,三塁打数と本塁打数で打点を予測する式と,その場合の重相関係数を求めると,次のようになる。

　34.696+0.849×(三塁打数)+2.095×(本塁打数)
　　　　　……予測式2 (重相関係数=0.915)

次に,二塁打数と本塁打数で打点を予測する式と,その場合の重相関係数は次のようになる。

　24.527+0.555×(二塁打数)+1.821×(本塁打数)
　　　　　……予測式3 (重相関係数=0.924)

第23話

　ここで得られた重相関係数は「予測式2」より「予測式3」の方が高くなった。つまり，二塁打数と本塁打数を説明変数にした方が，三塁打数と本塁打数を説明変数にした場合より，予測の精度が高くなることが示されたことになる。

　実際，第19話で説明した t 検定を用いても，この妥当性を示すことができる。したがってこの点からも，打点に対する影響度は三塁打数に比べ，二塁打数の方が高くなる。つまり，大リーグの強打者の打点は「ホームラン数」と「二塁打数」でほぼ決まることがわかる。

　三塁打は二塁打に比べ，出る本数が少ないこと，さらに，ランナーが出ていない場合に三塁打が出ることが多く，二塁打よりも打点に結びつきにくいのではないかと推測される。なお，2005年に3割台の打率を残し打点も多かったニューヨーク・ヤンキースの松井秀喜選手は，本塁打数は20本台と多くはなかった。しかし，他の3割バッターに比べ二塁打数が多かったことが，打点につながったものと推測される。

　一方「得点」は「単打数」と0.823，「本塁打数」と0.562の相関係数をもつ。「単打数」，「二塁打数」，「三塁打数」，「本塁打数」を説明変数，「得点」を目的変数として重回帰分析を行うと，「得点」の予測式は次で与えられる。

　　$-23.411+0.629\times$(単打数)$-0.259\times$(二塁打数)
　　$+0.212\times$(三塁打数)$+0.681\times$(本塁打数)

　　　　　　　……予測式4　（重相関係数＝0.906）

　ここで，回帰係数の大きい単打数と本塁打数の2つを説明変数にして「得点」の予測式を求めると，次式が得られる。

　　$-28.658+0.625\times$(単打数)$+0.572\times$(本塁打数)

　　　　　　　……予測式5　（重相関係数＝0.899）

　この結果，「打点」の予測に貢献しなかった「単打数」が

「得点」の予測に貢献していることが読み取れる。

先に示した4つの説明変数から,「二塁打数」,「三塁打数」を取り除いたにもかかわらず,重相関係数は0.007しか低下しないことに注目しよう。多くの重回帰分析のソフトウェアには,重相関係数を低めないように効率的に少数の説明変数を選択する方法が含まれている。

ところで,読者の多くは,本塁打数にかかる回帰係数が0.572と1を著しく下回ることに疑問を感じるかもしれない。なぜならば,本塁打を1本打てば必ず,得点1が加算されることは野球の基本ルールだからである。この疑問に答えるために,「本塁打数」を説明変数,「得点」を目的変数とした回帰分析,すなわち,第22話で解説した回帰分析を適用すると,「得点」の予測式

　　73.6＋0.820×(本塁打数)

　　　　　　　　　　……予測式6　(相関係数＝0.562)

が得られる(図23-1)。この式においても,本塁打数にかかる回帰係数は0.820と1を下回っている。

このことは,第22話で解説した「先祖がえり現象」,つまり「平均への回帰」によっても説明可能である。

いま,第22話における「親の身長」を「本塁打数」に,「息子の身長」を「得点」に読み替えてみよう。「本塁打数」が最多の打者は,「得点」においても最多になるとは限らない。どちらかといえば,「本塁打数」の多い打者は,「得点」はやや少なめになり,「本塁打数」の少ない打者は「本塁打数」に比較して「得点」は多めになる。

実際,図23-1に示した本塁打数を横軸,得点を縦軸とした散布図(本塁打数と得点の相関係数は0.534である)において,40本以上本塁打を放った打者の得点は回帰直線の上側に位置づ

第23話

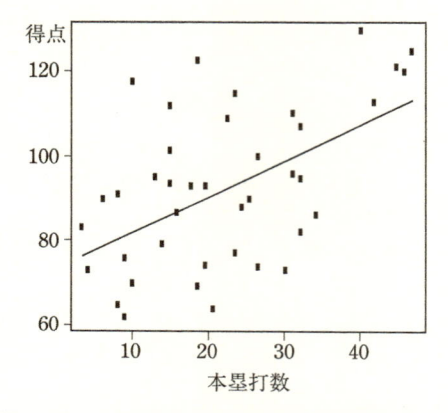

図23-1 本塁打数と得点の散布図と回帰直線

けられるが、本塁打数が20本から35本の打者の多くは、得点が少ないことが読みとれる。さらに、「予測式6」に含まれる定数項の値が73.6となっていることから、本塁打を1本も打っていない打者の得点の予測値はほぼ74となる。このような結果を踏まえ、「本塁打数」にかかる回帰係数が1より小さくなったことが説明できよう。

ところで、今回の分析に用いたデータは、両リーグの打撃上位20位までの選手のデータであるから、本塁打数が1桁の打者は含まれているが、単打数はすべて100以上である。この意味で、定数項が−28.658である「得点」の「予測式5」において、本塁打数が0であっても、得点がマイナスになることはない。

第Ⅴ章 多変量の情報をうまく活かす

第24話　英語, それは文系教科？（主成分分析・因子分析）

主成分分析の基本概念

高校入試や大学入試においては，実施された複数の教科の成績の合計点を求め，その得点の高いものから順に合格させるという1次元的決定が行われていることが少なくない。

しかし，これでは，ある教科の得点のみが，合格の決定要因になってしまう危険性がある。なぜならば，すべての教科が100点満点で採点されていたとしても，得点のバラツキが，ある教科では20点から100点，他の教科では40点から70点の範囲にあるとすれば，実際には，前者の教科が後者の教科に比べて合計点に対する影響力がずっと高くなるからである。

また，ある教科の成績とマイナスの相関係数を示す教科が含まれている場合に，その教科を単純に加算すると，全体的に成績のよい生徒がその教科を受験することはかえって不利となる。そこで，次のような合計点を考えてみることにしよう。

国語，社会，数学，理科，英語といった5つの教科で入学試験が行われたとする。これらの5教科の成績に対する重みを a_1, a_2, a_3, a_4, a_5 とすれば，重み付き合計点は

$$f = a_1 \times (国語) + a_2 \times (社会) + a_3 \times (数学)$$
$$+ a_4 \times (理科) + a_5 \times (英語) \quad \cdots\cdots(1)$$

と表すことができる。

これらの重み a_1, a_2, a_3, a_4, a_5 をいろいろに変化させることによって，幾種類もの重み付き合計点（合成得点ともよばれる）を求めることができる。単純な合計点はすべての重みを

1,すなわち,$a_1 = a_2 = a_3 = a_4 = a_5 = 1$ とおいたものに他ならない。しかし,これらの重みの大きさに何らかの制限をつけないと,合成得点が過度に大きくなったり,小さくなったりすることがある。

そこで,重み a_1, a_2, a_3, a_4, a_5 の平方和が1,すなわち,
$$a_1^2 + a_2^2 + a_3^2 + a_4^2 + a_5^2 = 1$$
という制約条件をつけたうえで,合成得点 f の分散を最大にするように重み a_1, a_2, a_3, a_4, a_5 を定めることにする。

これは「主成分分析」とよばれる方法の基本的な考え方である。複数の教科からなる入学試験が行われた場合,バラツキを大きくするように「重み付き合計点」を求めることはごく自然な発想であろう。

主成分分析法では,まず,分析にかける多数の変数間の相関係数を求め,それらがもつ情報をなるべく少数の合成得点にまとめる。得られる合成得点の数が2つ以上となることも少なくない。

ここで,第6話で示した国語,社会,数学,理科,英語といった5つの教科の相関係数行列(表6-4)にもとづく主成分分析を実際に行ってみよう。これは,教科の得点として標準得点,すなわち得点から平均値を減じ,その値を標準偏差で割って得られる得点を用いたときの主成分分析である。このとき,主成分分析によって得られる重み a_1, a_2, a_3, a_4, a_5 を用いた合成得点は,主成分あるいは主成分得点とよばれる。

まず分散が最大になる主成分を f_1 としよう。次に主成分 f_1 との相関が0であるという条件のもとで,重み b_1, b_2, b_3, b_4, b_5 による合成得点
$$f_2 = b_1 \times (国語) + b_2 \times (社会) + b_3 \times (数学)$$
$$+ b_4 \times (理科) + b_5 \times (英語) \quad \cdots\cdots(2)$$

の分散を最大にするように重み b_1, b_2, b_3, b_4, b_5 を定めることができる。ただし，この場合も

$$b_1{}^2 + b_2{}^2 + b_3{}^2 + b_4{}^2 + b_5{}^2 = 1$$

という制約条件をつける。

このように主成分を逐次求めることができるが，データ数が変数の個数より大きいときには，全部で変数の個数に等しい5つの主成分 f_1, …, f_5 が得られる。このとき，分散の大きい順に，f_1 は第1主成分，f_2 は第2主成分，f_3 は第3主成分，f_4 は第4主成分，f_5 は第5主成分とよばれる。

主成分分析の適用例
——共通第1次学力試験の主成分分析

すでに第4話，第6話で述べたように，1979年に開始された共通第1次学力試験においては，国語，社会（2教科），理科（2教科），数学，外国語（主に英語）といった5教科が実施され，それぞれ200点満点として，5教科の成績の合計点を算出していた。これら5教科の成績の標準偏差は図4-2に，5教科の相関係数行列は，第6話の表6-4に示したとおりである。

ここで，各教科の標準化得点を用いて，(1) 式の分散を最大にする重みを求める。第1主成分を f と区別して f_1 とおくと，

$$f_1 = 0.736 \times (国語) + 0.817 \times (社会)$$
$$+ 0.779 \times (数学) + 0.837 \times (理科) + 0.826 \times (英語)$$

となる。このとき，第1主成分 f_1 の分散の値は3.197となった。

なお，上記 f_1 に与えられている各教科の前に掛かる数値は，主成分分析によって得られた重み係数で主成分負荷量とよばれる。標準化された各教科得点を用いた場合の主成分負荷量は，

主成分得点と各教科成績との相関係数に一致する。

5教科の標準得点の分散はいずれも1であるから、これらの分散の和として定義される全体の分散は5である。

したがって、全体の分散5に対する第1主成分 f_1 の分散3.197の比は、63.9%（=3.197/5）となる。このとき、第1主成分は全体の持つ情報の63.9%を占めていると解釈できる。この63.9%は第1主成分の「寄与率」とよばれる。

ところで、第1主成分 f_1 の各教科にかかる重みをみると、理科が最大で0.837、国語が最小で0.736とほとんど差がなく、各教科にかかる重みの大きさはほぼ同一といってよい。この意味で、第1主成分 f_1 は総合学力を測る主成分といえよう。

同様に、第1主成分 f_1 との相関が0であるという制約条件をつけて、（2）式で与えられる f_2 の分散を最大にすると

$$f_2 = 0.573 \times (国語) + 0.105 \times (社会)$$
$$- 0.470 \times (数学)$$
$$- 0.270 \times (理科) + 0.103 \times (英語)$$

という第2主成分が得られる。

第2主成分は国語に大きなプラスの重み、数学に大きなマイナスの重みがついている。理科には -0.270 という重みがついているが、社会と英語には小さなプラスの重みが与えられている。したがって、第2主成分の値がプラス方向に高いほど、文系教科の成績がよく、マイナス方向に高いほど理系の成績がよいことがわかる。なお、第2主成分の分散は0.644で、その寄与率は12.9%となり、第1主成分と第2主成分による累積寄与率は76.8%（=63.9+12.9）となる。

上記5教科に与えられた主成分負荷量の大きさを図示すると図24-1のようになる。この図の横軸は第1主成分負荷量の値を表しており、先に述べたように、「総合学力」の成分と命名

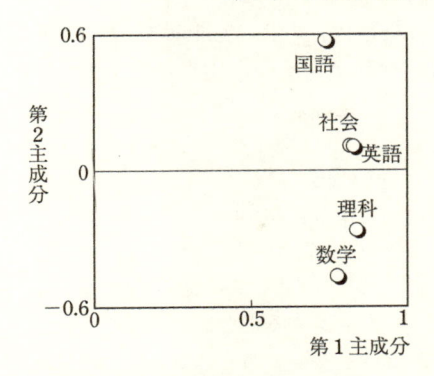

第Ⅴ章　多変量の情報をうまく活かす

図24-1 主成分分析による5教科の第1主成分軸（横軸），第2主成分軸（縦軸）による表現

できよう。

図の縦軸は第2主成分負荷量を表しており，「文系」（プラス方向）と「理系」（マイナス方向）の学力を識別する成分といえよう。「社会」と「英語」は第2成分の値が0.105, 0.103とほぼ同程度のプラスの負荷量を有していることがわかる。この結果から，「社会」と「英語」は「国語」に比べて，文系能力を測定している程度が低いといえよう。

さらに，第1，第2主成分との相関がないという条件のもとで f の分散を最大にする f_3 を求めると，次の第3主成分が得られる。

$$f_3 = -0.182 \times (国語) + 0.498 \times (社会)$$
$$-0.269 \times (数学) + 0.178 \times (理科) - 0.257 \times (英語)$$

この成分は，理科，社会にプラスの重み，国語，数学，英語にマイナスの重みが与えられている。したがってこの主成分

は，理科，社会という応用的教科がプラス，国語，数学，英語という基礎的教科がマイナスで測定されている成分といえよう。

主成分分析から因子分析へ

同一の機能を持つ新製品が開発されたとき，その製品の形によって売れ行きが左右されることがある。

さらに，ある品物を購入する場合，価格の高低，品物の効用，見栄えなどを考慮することはいうまでもない。

人に対する好みも多様である。ある調査によると，女子学生の理想の男性像は，社会的地位，家柄といった「外面性」，相手の男性の「人格的成熟度」，「人間的温かさ」，「将来性」，さらには，相手の男性が「女性の立場を尊重してくれる（仕事を続けることへの理解度）」といった要因が浮かび上がってきた。

また，ある特定の場面における人間の行動様式を詳細に分析してみると，何らかの規則性が見られる。たとえば，攻撃的行動，非協調的行動は情緒不安定という因子に強く支配されるし，神経質な行動は，几帳面さといった性格を反映したものであることが少なくない。

このように，人間のさまざまな行動の背後には，その行動をひきおこす原因となる「因子」が潜んでいるものと考えられる。表面に現れる行動現象の背後には，その行動に影響を与えているなんらかの因子があると考えられるが，その因子を明らかにしようとする手法が「因子分析」とよばれるものである。

一般に，数学のできる学生は理科の成績が良く，社会が得意な学生は国語が得意であるといったように，ある2つの教科の成績の間にはプラスの相関がみられる。ここで，前項の主成分分析で用いた共通第1次試験の5教科の成績の相関係数行列

第Ⅴ章 多変量の情報をうまく活かす

(表6-4参照)を基に,因子分析を実施してみると,次のような結果が得られた。

国語＝0.170×(数理能力)＋0.886×(文章理解力)＋e_1
社会＝0.430×(数理能力)＋0.747×(文章理解力)＋e_2
数学＝0.878×(数理能力)＋0.200×(文章理解力)＋e_3
理科＝0.825×(数理能力)＋0.323×(文章理解力)＋e_4
英語＝0.606×(数理能力)＋0.563×(文章理解力)＋e_5

上記の左辺にある「国語」,「社会」,「数学」,「理科」および「英語」の成績は,データとして与えられる変数であるのに対して,右辺にある「数理能力」,「文章理解力」は因子分析の結果として推定される潜在的な変数であって,「共通因子」とよばれる。

さらに,国語の右辺にある0.170および0.886という係数は,それぞれ「数理能力」が「国語」の成績に与える影響の強さ,および「文章理解力」が「国語」の成績に与える影響の強さを示すもので,「因子負荷量」とよばれる。

因子分析の結果,上記のように,5教科の成績は「文章理解力」と「数理能力」の2つの因子の重み付き合計点によってほぼ説明されることになるが,説明されない部分も存在するので,それぞれの5教科の成績に対して,誤差項e_1, e_2, e_3, e_4, e_5を付加する。これらの誤差項は,それぞれの変数に特有の因子に対応するもので,「特殊因子」とよばれる。

ここで,5教科の成績の相関係数を説明する因子として,なぜ「数理能力」と「文章理解力」が浮かび上がったかについて説明しよう。上記の5つの式における右辺の係数は,20世紀の因子分析的研究において,最も広く使われていたバリマックス回転による因子負荷量行列として,表24-1のように与えられる。

ここで第1因子の因子負荷量は，数学，理科が0.80以上と高く，国語が0.170と低い。そこで，数学と，理科に共通する因子として，「数理能力」を想定した。

第2因子は，国語が最も高い0.886という因子負荷量を有している。さらに，社会も0.747と比較的高い値を示しているので，これら2つの教科に共通する因子として「文章理解力」を想定したわけである。

この結果，「文章理解力」に比べて「数理能力」に優れている人は，「数学」および「理科」の成績が高いものと推定される。一方，「数理能力」に比べ「文章理解力」に優れている人は，「国語」の成績が高く，さらに「社会」は第1因子の負荷量が0.430と国語の0.170に比べやや高めの負荷量を有しているので，ある程度の「数理能力」に左右されることがわかる。

この結果は図24-1に示した主成分分析の結果にも反映されている。「英語」は第1因子の負荷量が0.606，第2因子の負荷量が0.563であるから，「文章理解力」と「数理能力」がともに必要視されることがわかる。この意味で，「英語」は必ずしも純粋な「文系教科」とはいえないことになる。

上記の例では，共通因子の個数は2となり，f_1, f_2をそれぞれ「数理能力」，「文章理解力」と解釈した。一般には，より多くの共通因子を仮定することもある。

mを2より大きい整数としたとき，異なる共通因子$f_1, \cdots, f_m$の間に相関がないと仮定する因子分析の方法を「直交解」，$f_1, \cdots, f_m$がある程度相関してもよいと仮定する方法が「斜交解」とよばれる方法である。

20世紀においては，因子分析の適用例は直交解がほとんどであったが，1990年代頃から，異なる因子間の相関を許容する斜交解を用いた因子分析が主流になってきた。因子分析の斜交解

	共通因子	
	1	2
国語	.170	.886
社会	.430	.747
数学	.878	.200
理科	.825	.323
英語	.606	.563

表24-1 バリマックス回転後の因子負荷量行列

の方法としては，次項で紹介する「政治家・歴史上の人物の好き嫌い」のデータに用いたプロマックス回転（詳しくは，柳井他 1990，参考文献26）がある。

政治家・歴史上の人物の好き嫌いを決める因子とは

第4話においては，26人の政治家・歴史上の人物の好き嫌いについて大学生100名にアンケート調査を実施し，それぞれの人物の好意度に関する平均値，標準偏差を求めた。歴史上の人物の方が現役の政治家に比べ平均値が高く，好き嫌いのバラツキを測る指標である標準偏差の値が小さいことがわかった。

さらに，第6話においては，5段階によって評定された好意度の得点を用いて，26人すべての組み合わせについて相関係数を求め，相互に比較的高い正の相関が見られることを説明した（表6-2）。

ここで，まず26人の政治家・歴史上の人物についての因子分析の結果を示そう。解析の方法としては，斜交回転の1種であ

第24話

る「プロマックス回転法」を用いて因子分析を行い，4つの因子を抽出した。これら4つの因子のそれぞれについて，因子負荷量の高い順に政治家，歴史上の人物を図24-2（a）（第1因子），図24-2（b）（第2因子），図24-2（c）（第3因子），図24-2（d）（第4因子）に示したが，次にそれらの意味について考えてみよう。

【第1因子】元民主党代表の菅直人，民主党幹事長の鳩山由紀夫，共産党委員長の志位和夫，社民党党首の福島瑞穂，社民党元党首の土井たか子など，野党（民主党，社民党，共産党，無所属）に属する現役政治家が含まれている。このことは，調査対象となった大学生に民主党，社民党，共産党のリーダーに対するイメージが共通していたことを意味するものといえる。

【第2因子】現首相の安倍晋三，調査当時の首相であった小泉純一郎，東京都知事の石原慎太郎，米国大統領のJ.ブッシュ，英国首相のブレアと，強いリーダーシップをとる政治家によって特徴づけられる因子。織田信長があまり高いとはいえないが0.3の因子負荷量を有していることは興味深い。なお，元環境相（現内閣総理大臣補佐官）の小池百合子，元外相の田中真紀子はこの因子に高い負荷量がみられない。小池，田中は第1因子の野党的イメージを共有しているためと思われる。

【第3因子】勝海舟，西郷隆盛，徳川慶喜と，明治維新の推進者で，当時の国民にも支持された人物群。インドのM.ガンジーも長らく英国に支配されていたインドを解放した功労者として，前記の3名と共通したイメージをもたれている。源義経がこの因子に含まれるのは理解可能であるが，民主党代表の小沢一郎，元首相の中曽根康弘がこの因子に含まれるのは，やや意外の感がある。1980年代から90年代にかけてそれぞれ自民党幹事長，および首相として辣腕をふるった時代の両者に対するイ

第Ⅴ章 多変量の情報をうまく活かす

a 第1因子

- 福島瑞穂
- 土井たか子
- 田中真紀子
- 菅直人
- 志位和夫
- 小池百合子
- 鳩山由紀夫

b 第2因子

- 安倍晋三
- 小泉純一郎
- 石原慎太郎
- J.ブッシュ
- T.ブレア
- 織田信長

c 第3因子

- 勝海舟
- 西郷隆盛
- 小沢一郎
- M.ガンジー
- 徳川慶喜
- 中曽根康弘
- 源義経

d 第4因子

- 徳川家康
- 源頼朝
- 伊藤博文
- 豊臣秀吉
- B.クリントン
- 田中角栄

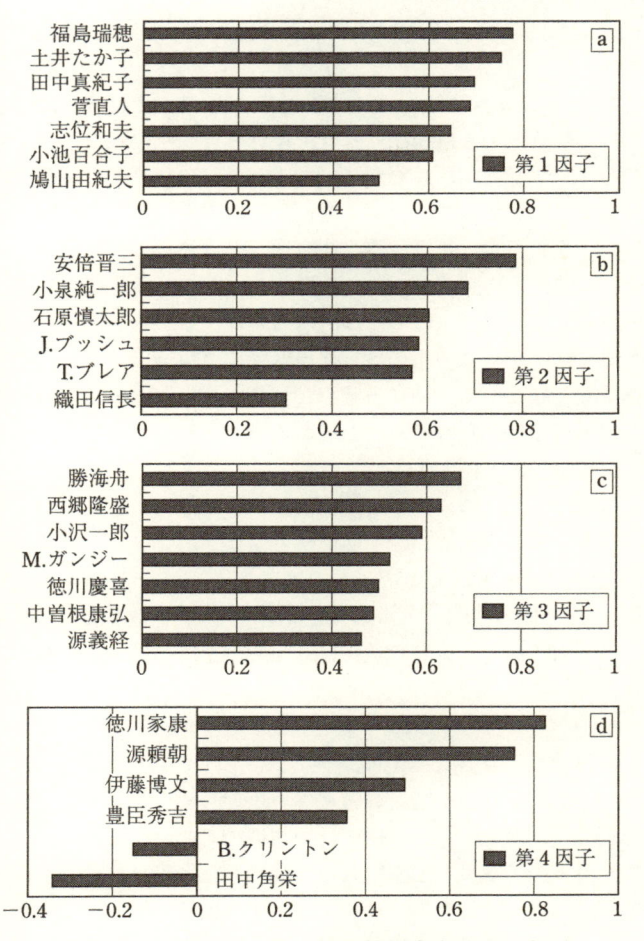

図24-2 比較的高い因子負荷量を有する政治家・歴史上の人物

メージと，現在のイメージがかなり変わったものと推測される。

【第4因子】徳川家康，源頼朝，伊藤博文は，それぞれ，強いリーダーシップを持つ江戸幕府，鎌倉幕府，明治政府の確立者であり，豊臣秀吉は短期間ではあるが，織田信長の没後全国統一をなしとげた。これらの4人は，第3因子に高い負荷量を有している勝海舟，西郷隆盛，徳川慶喜とは違って，強者のイメージが強く，当時の国民に支持されていたかは明確でない。田中角栄，クリントンは第4因子においてマイナスの因子負荷量が得られたが，この結果は，徳川家康，豊臣秀吉，源頼朝，伊藤博文と異なって，調査当時（2006年1月）においては首相および大統領就任当時にあった強者のイメージが消失していることを示すものといえよう。

なお，上記4つの因子は斜交回転によって得られたものであるから，因子間相関係数を明記する必要がある。最も相関係数の絶対値が大きかった因子のペアは第1因子と第4因子で，−0.268と負の相関がみられた。その他第3と第4因子，第2と第3因子間に，それぞれ0.113，0.120という弱い正相関がみられた。

因子分析の適用について

以上に示した因子分析の方法は，多変数間の相関係数が計算できるデータであれば，いずれの領域の研究にも適用可能である。因子分析が最も頻繁に利用されてきた分野は心理学の分野であり，人間の知能や，性格を規定する因子の探索に多くの研究者が携わってきた。その結果，これまでに，多数の性格検査，知能検査，適性検査などが作成されている。

すでに述べたように，21世紀になって，因子分析の方法とし

て，異なる因子間の相関を許容する斜交解が多用されるようになった。こうして得られた結果は，複数個の因子間に想定される因果モデルを構成し，そのモデルの適合性をデータにより検証する「構造方程式モデル」（共分散構造分析，例えば豊田 2007，参考文献15参照）に利用されるようになっている。

さらに，質的データの因子分析法の発展もめざましく，その特殊な場合に含まれる「項目反応理論」（例えば，豊田 2002，参考文献14参照）も20世紀後半から21世紀にかけて発展している。

第25話 いずれアヤメか, カキツバタ？（判別分析）

アヤメのデータ

「いずれアヤメかカキツバタ」とは美しい女性などへの褒め言葉で，どちらも優れていて優劣付け難いことのたとえである。

アヤメとカキツバタはいっけんよく似ているけれども，よく見れば容易に区別できる。しかし，アヤメどうしでは，なかなか区別できない種類がある。例えば，ヴァージニカとヴァーシカラーは見かけ上よく似ていて，それらを区別するのは容易ではない。

これに対して，フィッシャーは，4つの「特性量」を用いてこれらのアヤメの種類を判別する方法を提案した（Fisher 1936, 参考文献20）。ここで用いられた4つの特性量とは，花弁の長さ，花弁の幅，がく片の長さ，がく片の幅である。これらの測定部位は，図25-1に与えられている。

判別方法を構成するには，まず確実にヴァージニカであることが分かっている標本と，確実にヴァーシカラーであることが分かっている標本があり，これらの標本に対して4つの特性量の測定値が与えられていることが必要である。いま，これら2種類のアヤメについて，それぞれ50個の標本がとられ，4つの特性量の測定値がデータとして与えられているとしよう。

ヴァージニカを群 G_1，ヴァーシカラーを群 G_2 と表示して，データの一部を表25-1に与えている。そこでは，4つの特性量である，花弁の長さ，花弁の幅，がく片の長さ，がく片の幅を，この順に x_1, x_2, x_3, x_4 と表している。このようなデータ

第Ⅴ章　多変量の情報をうまく活かす

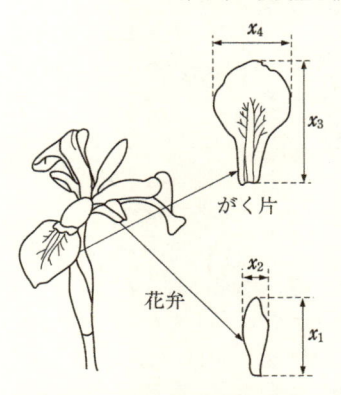

図25-1　アヤメの計測部位

群	個体番号	x_1	x_2	x_3	x_4
G_1	1	6.0	2.5	6.3	3.3
G_1	2	5.1	1.9	5.8	2.7
G_1	3	5.9	2.1	7.1	3.0
G_1	4	5.6	1.8	6.3	2.9
G_1	5	5.8	2.2	6.5	3.0
⋮	⋮	⋮	⋮	⋮	⋮
G_1	50	5.1	1.8	5.9	3.0
G_2	51	4.7	1.4	7.0	3.2
G_2	52	4.5	1.5	6.4	3.2
G_2	53	4.9	1.5	6.9	3.1
G_2	54	4.0	1.3	5.5	2.3
G_2	55	4.6	1.5	6.5	2.8
⋮	⋮	⋮	⋮	⋮	⋮
G_2	100	4.1	1.3	5.7	2.8

表25-1　2種類のアヤメ G_1, G_2 の測定値

は初期データあるいは学習データとよばれる。

ここで，考えるべき問題は次のように述べることができる。

すなわち，2種類のアヤメ，ヴァージニカ，ヴァーシカラーについて，表25-1のように，いずれに属するかがわかっている初期データが与えられているとする。いま，手元にあるアヤメは，ヴァージニカか，あるいはヴァーシカラーのいずれかであることはわかっているが，そのどちらであるかはわからないとしよう。このとき，手元にあるアヤメが，その4つの特性量の値を用いて，どちらに属するかを判別したい。

判別方法は，4つの特性量の値が，ある条件をみたせば G_1 に属すると判定し，そうでなければ G_2 に属すると判定する規則として与えられる。このような問題は，「判別問題」とよばれる。

代表的な判別分析法として，線形判別関数を用いる方法とマハラノビスの距離を用いる方法がある。以下ではこれら2つの方法を説明する。

まず，各変数の平均値，分散および各変数間の共分散，相関係数を求めると，次の表25-2のようになる。表B，Cにはそれぞれ，対角部分に分散（網かけ部分），下三角の部分に共分散，上三角の部分に相関係数の値が与えられている。

線形判別関数とは

まず，線形判別関数とはどのようなものかを，2つの特性量 x, y の場合で考えてみよう。

この場合には，2つの群 G_1 および G_2 の観測値は図25-2に示したように，平面上の点として表せる。それぞれのデータの多くは図に描かれているような楕円の内部にあり，その中心から離れるにつれて観測値は少なくなる。図には，2つの楕円を

	平均値		標準偏差	
	G_1	G_2	G_1	G_2
x_1	5.552	4.260	0.552	0.470
x_2	2.026	1.326	0.275	0.198
x_3	6.588	5.936	0.636	0.516
x_4	2.974	2.770	0.322	0.314

(A) 平均値・標準偏差

	x_1	x_2	x_3	x_4
x_1	0.305	0.322	0.864	0.401
x_2	0.049	0.075	0.281	0.538
x_3	0.303	0.049	0.404	0.457
x_4	0.071	0.048	0.094	0.104

(B) G_1の分散・共分散・相関

	x_1	x_2	x_3	x_4
x_1	0.221	0.787	0.754	0.561
x_2	0.073	0.039	0.546	0.664
x_3	0.183	0.056	0.266	0.526
x_4	0.083	0.041	0.085	0.098

(C) G_2の分散・共分散・相関

表25-2 基礎統計量

できるだけ分離するような境界線が引いてある。この境界線を「分離直線」とよぶことにしよう。

このような場合には,判別したい観測値が分離直線を境に,群 G_1 の中心側にあれば群 G_1 に属すると判別し,そうでなければ群 G_2 に属すると判別すればよさそうである。

では,どのようにして分離直線を求めればよいのだろうか。特性量が2つであれば,目で見ておおよその分離直線を求めることはできるが,特性量の数が増えるとそのような方法は困難になり,定量的なアプローチが必要である。

いま,各観測値から分離直線に垂線を下ろし,データから分離直線までの符号付きの長さ W を考えてみよう(図25-2参照)。符号は,観測値が分離直線より右側にあれば正,左側にあれば負とする。さらに図25-2には,原点を通り分離直線に

第25話

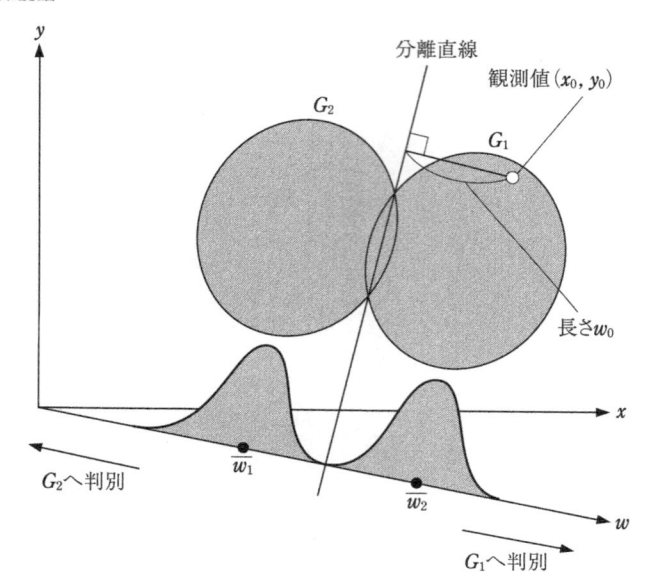

図25-2 線形判別法

直交する軸 w を考え，その軸上に W の分布が各群ごとに描かれている。このとき，最適な分離直線とは，2つの群の W の分布の重なりができるだけ少ないものである。

このような分離直線を用いて，観測値 (x_0, y_0) が分離直線を境に群 G_1 の中心側にあれば群 G_1 に属すると判定し，群 G_2 の中心側にあれば群 G_2 に属すると判定すればよい。

上のことをより具体的に定式化してみよう。分離直線は1次式として表せるが，それを

$$ax + by + c = 0$$

とする。一般に，観測値 (x_0, y_0) から分離直線までの符号付き

距離は

$$w_0 = (ax_0 + by_0 + c)/\sqrt{a^2+b^2}$$

と表せる。群 G_1 の各観測値に対する W の値を $w_1(1)$, …, $w_1(50)$ とし,同様に群 G_2 の各観測値に対する W の値を $w_2(1)$, …, $w_2(50)$ とする。これらの各群ごとの平均値を $\overline{w}_1$, $\overline{w}_2$, 群 G_1 と群 G_2 をあわせて計算される分散を s_w^2 とする。

このとき,平均値の差を標準化した量の2乗

$$\{(\overline{w}_1 - \overline{w}_2)/s_w\}^2$$

が最大になり,さらに,両群の平均値間の中点を通る分離直線を求める。このような a, b, c は数学的に求めることができ,このときの $W = ax + by + c$ は「線形判別関数」とよばれる。

線形判別関数は,2つの群の平均値と2つの群をあわせて計算される分散と共分散を用いて具体的に表わすことができる。以上は2変数の場合の説明であるが,3変数以上の場合にも同様な性質が成り立つ。

そこで上記の結果を,表25-1の4変数のデータに適用すると,ヴァージニカとヴァーシカラーとを判別するための,線形判別関数は

$W = 6.97 \times$（花弁の長さ）$+ 12.39 \times$（花弁の幅）
$\quad - 3.56 \times$（がく片の長さ）$- 5.58 \times$（がく片の幅）$- 16.66$

で与えられる。判別したいアヤメについて,そのアヤメの4つの特性量を測定し,W の値を求め,W の値が正であればヴァージニカと判定し,W の値が負であればヴァーシカラーと判定する。例えば,4つの特性量の値が順に 7, 3, 5, 1.5 であるとしよう。このとき,W の値は

$W = 6.97 \times 7 + 12.39 \times 3 - 3.56 \times 5 - 5.58 \times 1.5 - 16.66$
$\quad = 43.13 > 0$

となり正であるので,ヴァージニカと判定することになる。

第25話

マハラノビスの距離とは

線形判別関数は，両群の分散・共分散がほぼ等しい場合に用いられる。

ここで考える「マハラノビスの距離」（以下，たんに「距離」という）に基づく判別法は両群の分散，共分散が異なっていても適用できる方法である。その考え方は簡単である。判別したいアヤメの測定値 x_1, x_2, x_3, x_4 をベクトル

$$x = (x_1, x_2, x_3, x_4)$$

で表し，群 G_1，群 G_2 の測定値の平均ベクトル（各変数の平均を要素とするベクトル）をそれぞれ $\overline{x}_1, \overline{x}_2$ と表す。

このとき，まず x が群 G_1 に属していると考えて，それが群 G_1 の中心からどれくらい離れているかを示す距離 $d_1(\overline{x}_1, x)$ を計算する。次に，同様にして，x が群 G_2 に属していると考えて，それが群 G_2 の中心からどれくらい離れているかを示す距離 $d_2(\overline{x}_2, x)$ を計算する。そして，両者の距離の小さい方に判別する方法である。

この方法では，各群においてデータの中心からの距離をどのように定めればよいかが問題になるが，まず特性量が1つの場合を考えてみよう。

データは平均0，分散 s^2 の正規分布にしたがっているとする。図25-3には $s=1.5$ と $s=0.5$ の場合の確率密度関数が描かれ，また，中心Oから z だけ離れたところに点Pがある。点Pはどちらの場合にも中心Oから z だけ離れているが，分散が大きいとその点は分布の中央部分にあり，逆に分散が小さいとその点は分布の中心から離れた部分にある。

この点を考慮して，中心Oから点Pまでの距離を

$$d(0, z) = z/s$$

と定義する。同様な考え方をすれば，特性量が2つ以上の場合

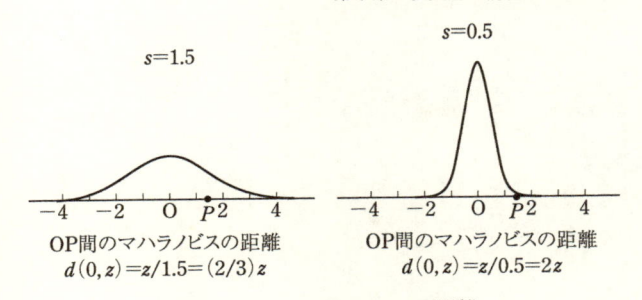

第Ⅴ章 多変量の情報をうまく活かす

$s=1.5$ | $s=0.5$

OP間のマハラノビスの距離
$d(0, z) = z/1.5 = (2/3)z$

OP間のマハラノビスの距離
$d(0, z) = z/0.5 = 2z$

図25-3 マハラノビスの距離

にも距離を定義することができる。

前項では、線形判別関数を用いて観測値

$x_0 = (7, 3, 5, 1.5)$

を判別した。この観測値を、距離を用いる方法によって判別してみよう。群 G_1 に属するとしたときの中心からの距離 $d_1(\overline{x}_1, x_0)$ は11.956で、群 G_2 に属するとしたときの中心からの距離 $d_2(\overline{x}_2, x_0)$ は16.419となる。したがって $d_1(\overline{x}_1, x_0) < d_2(\overline{x}_2, x_0)$ だから、線形判別関数を用いたときと同様に、その観測値をもつアヤメは群 G_1、すなわちヴァージニカであると判別されるのである。

本当に判別できるのか

さて、2つの判別法を見てきたが、各判別法の信頼度あるいは的中率はどの程度のものであろうか。

これを調べるには、誤った判別の割合である「誤判別確率」を調べる必要がある。誤判別確率には、本来 G_1 に属するものを誤って G_2 に属すると判別してしまう誤判別確率 $p(2|1)$ と、本来 G_2 に属するものを誤って G_1 に属すると判別してしまう

第25話

		予測	
		G_1	G_2
真	G_1	49	1
	G_2	2	48

線形判別法

		予測	
		G_1	G_2
真	G_1	50	0
	G_2	3	47

マハラノビスの距離法

表25-3 誤判別表

誤判別確率 $p(1|2)$ がある。これらの誤判別確率は，あらかじめ所属がわかっている表25-1のデータを実際に判別してみることによって推定することができる。この場合には，表25-3のように推定される。

線形判別関数を用いると，$p(2|1)$ は 1/50，$p(1|2)$ は 2/50 と推定され，かなりの精度で判別できることが分かる。同様に，距離による判別を行うと，$p(2|1)$ は 0，$p(1|2)$ は 3/50 と推定される。したがっていまの場合，全体としての誤判別確率は，同じであることが分かる。

このような推定法は，誤判別確率を過小評価する傾向のあることが知られている。この欠点を補う推定法として「交差検証（クロスバリデーション）法」がある。これは，推定に用いるデータと，評価に用いるデータを分けて推定を行う方法である。

たとえば，群 G_1 の最初のデータを評価用にとっておき，これを除いた残り99個のデータから線形判別関数あるいはマハラノビスの距離を求める。次にこれらの判別方法を用いて，評価用にとっておいた群 G_1 の最初のデータの判別を行い，正しく群 G_1 と判別されるかどうかを調べる。以下同様な操作をすべ

てのデータに対して行い，誤判別確率を算出するのである。いま解析しているデータの場合には，この方法によって推定しても同じ誤判別確率の推定値が得られる。

第26話 DNA，ヒトの祖先を推定できる！（クラスター分析）

ヒトの起源

ヒトと起源が同じであるサルには，チンパンジー，ゴリラ，オランウータン，アカゲザルなどがいて，この順に起源を遡ることができる。つまり，アカゲザルの群からオランウータンの群が分かれ，その後オランウータンの群からゴリラの群が分かれ，以下チンパンジーの群が分かれ，最後にチンパンジーの群からヒトが分かれたと考えられている。また，ヒトがチンパンジーの群から分かれた時期については，さまざまな説があるが，700万～800万年前という説が有力である。

生物種の進化の道筋を推定した図は系統樹とよばれる。系統樹はこれまで，生物の形態的特徴と発掘された化石の地層年代を基に，系統間の分岐時期を推定することによって構築されてきた。

これに対し最近，DNAデータを基に構築される分子系統樹が発展してきている。分子系統樹はどのようにして作成されるのだろうか。また，その作成において統計はどのように関係しているのだろうか。

DNA配列とその変化

分子系統樹は，DNA配列とその変化に密接に関係しているが，まずDNA自身について簡単に見てみよう。ヒトの身体はおおよそ60兆個くらいの細胞の集合体で，その一つ一つの細胞に4種類の塩基A（アデニン），T（チミン），G（グアニン），C

（シトシン）の配列であるDNA（デオキシリボ核酸）が複製されて入っている。つまり、ヒトはそれぞれ同じDNAを約60兆個もっている。

DNAの配列は2重らせんとよばれる2本の相補的な鎖で構成され、AとT、CとGが対になっている。DNAの全塩基数はDNAの大きさとよばれ、ヒトの場合約30億塩基対もある。

さて、遺伝情報は、塩基対の並びに注目した分析がなされている。ほとんどの場合には、細胞増殖時においても正しく複製され、子孫に受け継がれている。ときに間違ってAとG、TとGなどが対合してしまうことがあるが、たいていの場合修復機能により正しい対合に復元される。しかし、たまにDNAの間違いがそのままになってしまうことがある。このように、ある塩基が他の塩基によって置き換わってしまうことを、「塩基置換」とよんでいる。

DNAの変化には塩基置換の他に、塩基が失われる「欠失」、塩基が割り込んで入る「挿入」、2つ以上の塩基からなる配列が切り出され再びもとの位置に逆向きに挿入される「逆位」などがある。

生物は進化するにつれて、DNAの塩基配列がわずかながら置き換わっている。例えば、すべての生物のなかで、最もヒトに近い生物はチンパンジーであるが、チンパンジーのDNAとヒトのDNAの違いはわずか1％程度である。また、ヒトの個人差は約0.1％と言われている。このようなDNAの変化は、生物の進化の様子を解明する上で重要となっている。

塩基配列の変化の分析は、「DNAの変化は一定のスピードで起こる」という考えに基づいて行われている。この一定性は厳密なものではなく、近似的に成り立つことが知られている。しかし、分子系統樹は、従来の方法に基づく系統樹と比べて信

頼性は高いと考えられている。

DNA 配列間の違いを推定する

DNA 配列間の変化の度合い,すなわち違いはどのようにして調べられるのだろうか。

まず,DNA のある領域,とくに遺伝子に相当する部分を決めて,その領域で配列の違いが調べられる。その際,位置合わせが必要になる。これは,各配列において,置換のみならず,欠失,挿入,逆位などが生じているからである。

具体的には,配列への文字の挿入,あるいは,配列から文字の削除が考えられる位置にギャップ "−" を入れて,比較する配列の位置合わせをする。

例えば,次のような2つの配列

P = ACTGC, Q = AGGCA

について考えてみよう。このままでは,最初の位置(座位ともいう)だけで一致し,他の位置では異なっている。しかし,ギャップを入れた配列

P′ = ACTGC−, Q′ = AG−GCA

にすると,3ヵ所で一致し,ギャップの部分を除けば一致しないのは1ヵ所だけになる。このような位置合わせをした塩基配列が,系統樹作成のための基礎データになる。

塩基配列間の違いを測る最も簡単な方法は,2つの塩基配列を比較して異なる位置の総数を計算し,これを比較した全塩基数で割った相違度を算出するものである。

この他にも,塩基置換数を計算する方法が提案されている。これは,塩基置換モデルを想定し,観察される相違度から塩基あたりの平均塩基置換数を数学的に決定する方法である。

表26-1には,5つの対象であるヒト(H),チンパンジー

第Ⅴ章 多変量の情報をうまく活かす

クラスター	クラスター				
	H	C	G	O	R
H					
C	1.45				
G	1.51	1.57			
O	2.98	2.94	3.04		
R	7.51	7.55	7.39	7.10	

表26-1 塩基置換数の推定値

(C), ゴリラ (G), オランウータン (O), アカゲザル (R) について, 対象間の塩基置換の推定値が与えられている。

そこでは, 統計用語にしたがって, 対象をクラスターとよんでいる。各クラスター間の数値は100塩基あたりの平均置換数である。このデータは, 5300塩基に及ぶDNA領域を比較して推定されたものである (舘野・山崎 1994, 参考文献12)。

系統樹の作成

表26-1のデータから, 5つの対象の系統樹を作成することを考えてみよう。そこで考えられている対象を単にH, C, G, O, Rと表し, また各対象, あるいは{H, C}など対象の集まりをクラスターとよぶことにする。

クラスター間の塩基置換の割合は, クラスター間の距離(近さの度合い)とも考えられるので, それをたんに距離とよぶことにする。また, クラスター間の距離を, HとCであればd_{HC}などと表す。

距離に基づく系統樹の作成には, いくつかの方法があるが, 以下では, 「平均距離法」についてみてみよう。ここでは, 5

第26話

つのクラスターH, C, G, O, Rは共通の祖先をもち, 塩基配列の変化はほぼ一定の割合で起こると仮定する。また, 各クラスターに属する対象は代表的なものが1つ選ばれているとする。

まず, 5つのクラスター間で, 距離が最小な組はヒト (H) とチンパンジー (C) の組であって, その間の距離は $d_{HC}=1.45$ である。したがって, チンパンジーとヒトとは最後に分かれたと考えられる。系統樹においては, この2種を高さ $1.45/2=0.725$ のところで結合する (図26-1参照)。

次に, HとCをまとめて1つのクラスターHCと見なし, 4つのクラスターHC, G, O, Rの間の距離を計算する。このとき, クラスター間の距離としては, 2つのクラスターに属する対象間のすべての組み合わせの距離を求め, その平均値として距離を定義する群平均法を用いることにする。

例えば, クラスターHCとクラスターGとの距離は, クラスターGとクラスターH, およびクラスターGとクラスターCの平均, すなわち,

$$d_{(HC)G} = \frac{1}{2}(d_{HG}+d_{CG}) = \frac{1}{2}(1.51+1.57) = 1.54$$

となる。

このようにして, 4つのクラスター間の距離は表26-2のようになる。

この結果, HCとGの間の距離が最小なので, これらを1つのクラスターHCGにする。すなわち, GからHCが分かれたと考える。系統樹においては, この2つを高さ $1.54/2=0.77$ のところで結合する。

同様にして, 3つのクラスターHCG, O, Rの間の距離を計算すると, 表26-3のようになる。例えば

第Ⅴ章 多変量の情報をうまく活かす

クラスター	クラスター			
	HC	G	O	R
HC				
G	1.54			
O	2.96	3.04		
R	7.53	7.39	7.10	

表26-2 HC, G, O, R の間の距離

クラスター	クラスター		
	HCG	O	R
HCG			
O	2.99		
R	7.48	7.10	

表26-3 HCG, O, R の間の距離

$$d_{(HCG)O} = \frac{1}{3}(d_{HO} + d_{CO} + d_{GO}) = \frac{1}{3}(2.98 + 2.94 + 3.04)$$
$$= 2.99$$

である。

これらの距離では，HCG と O が最小であるので，HCG と O を 1 つのクラスターとしてまとめ，系統樹の高さ 2.99/2 ≈ 1.49 のところで結合する。最後に，HCGO と R を 1 つのクラスターとしてまとめるが，そのときの結合の高さは

241

第26話

```
                          ┌─── 3.694
                       ┌──┤
                    ┌──┤ 1.493
                 ┌──┤ 0.770
            ┌────┤ 0.725
         ヒト チンパンジー ゴリラ オランウータン アカゲザル
```

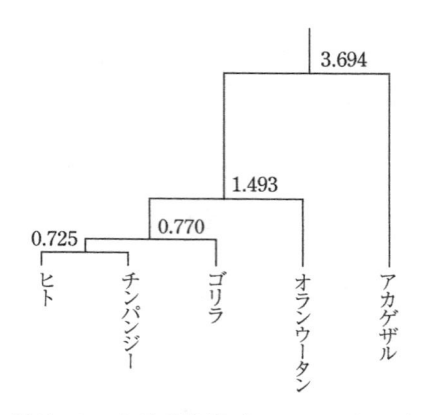

図26-1 分子系統樹（デンドログラム）

$$\frac{1}{2}d_{(HCGO)R} = \frac{1}{2} \cdot \frac{1}{4}(7.51+7.55+7.39+7.10) = 3.69$$

となる。

このようなクラスターの構成過程を図示すると，図26-1のような系統樹が作成される。このような図は，統計用語では樹形図（デンドログラム）とよばれる。

この結果は，冒頭に述べた進化の道筋と一致している。また，この系統樹の高さを表す数値3.694，1.493，0.770，0.725は，それぞれが分かれてからの相対的な時間を示している。最後に分かれたヒトとチンパンジーの分岐時期が約700万年前という説にしたがうと，例えば，ゴリラがオランウータンから分かれた時期は

　約 $700 \times 1.493/0.725 = 1442$ 万年前

と推定できる。

第Ⅴ章　多変量の情報をうまく活かす

クラスター分析

　対象間の塩基置換数の推定値を用いて，系統樹を作成する方法をみてきた。そこでは多変量解析の１つの方法であるクラスター分析法が適用されている。

　クラスター分析は，対象間の類似・非類似度に基づいて，対象を分類したり，あるいはまとめることを目的にしている。

　クラスター分析にもいろいろな方法がある（例えば柳井・高木　1986，参考文献27参照）が，前で説明した例の場合には，似ているものを順次まとめ，新たなクラスターを構成する方法である階層的方法を適用した。

　このとき，クラスター間の距離の算出には群平均法を用いたが，他の距離を用いる方法としては，「最短距離法」，「最長距離法」，「重心法」などがある。

　最短距離法は，２つのクラスターに属する対象のうち，最も近い対象間の距離をクラスター間の距離とする方法で，最も遠い対象間の距離をクラスター間の距離とするのが，最長距離法である。重心法は，各クラスターの代表点を平均値に選び，平均値間の距離をクラスター間の距離とする方法である。

　なお，図26-1のような系統樹を求める方法は他にもあるが，それについては長谷川・岸野（1996，参考文献16）を参照のこと。

第VI章
統計学の広がり
―統計学の過去・現在・未来―

第27話 現代の統計,どのようにして始まった？

近代統計の始まり

史料に残っている古い統計の記録としては,紀元前31世紀頃,古代エジプトでピラミッド建設のために行われた統計調査や,紀元前30世紀頃の中国で行われた人口調査や土地調査などがあるといわれている。日本では紀元前7世紀や紀元1世紀に人口統計調査が行われたとの説もあるが,史料に残る記録としては,7世紀の班田収授法や庚午年籍に見られる人口や土地に関する調査がある。

しかし,古代の統計は,基本的にはすべての人やものを数え上げることだけである。為政者が国力の現状を把握して課税や徴兵のために役立てることが,その主たる目的であった。

数え上げたデータから,有用な情報を抽出するという近代統計学の始まりは,16世紀に入ってからであり,イタリアやフランス,オランダでは,国家状況の系統的・体系的記述を目的とした国状学が発展してきた。

17世紀半ばにはドイツの大学教授（ドイツ大学統計学派）により,国状学（国勢学）は学問的に整備された。それは大量観察に基づく数量的記述ではなく,国家の安寧に関わる顕著事項だけを記述するという,今日の官庁統計の内容に近いものであった。現在統計学は"Statistics"とよばれているが,これはアッヘンワール（Achenwall, G.）が国状学の学問名として"Statistik"を用いたのが始まりとされている。

いっぽうイギリスでは,哲学者ベーコン（Bacon, F.）の影

響を受け，社会現象を大量観察して数量的資料に基づいて法則性を発見しようとする政治算術学派が誕生した。このような潮流の中で，ロンドンの商人グラント (Graunt, J.) が出現し，それまでの"統計"の考え方に転機をもたらした。

グラントと以降の発展

グラントは1662年に『死亡表に関する自然的および政治的諸観察』を著した。市販の膨大な量の死亡明細を数枚の表に縮約して，それらから自然に導かれる観察結果を，いくつかの簡潔な文章として箇条書きに要約したパンフレットも作成した。そして，種々の病気による相対死亡率や，ロンドンの都市部と田園部に分けた人口増加率のような，有用な結果を導き出している。グラントはまた生命表も作り上げたが，それは現在の人口統計学の基礎になったと考えられる。

このようにグラントは，"統計"が単なる数え上げではなく，大量のデータを要約して有用な情報を抽出し，それから自然的・社会的法則を発見し，将来の指針を決定できるという"統計学"の考え方の有用性を実証してみせた。

グラントと親交のあった財政経済学者のペティ (Petty, W.) は，ロンドンの人口予測やヨーロッパ諸都市の死亡表の比較検討を行っている。ペティの死後には，グラントの方法を適用して政治・財政の諸問題を実証主義的に検討した『政治算術』が刊行された。

また人口統計の分野でも，グラントやペティの方法論を引き継ぎ，ハレー (Halley, E.) による『人類の死亡率推算』(1693年)，ジュースミルヒ (Süssmilch, J.P.) による『神の秩序』(1741年) 等が刊行された。この頃までには，比率・平均・中位数などの統計用語や，大数の法則につながる考え方が

すでに誕生していた。

ケトレーによる統計の進展

統計学の発展の次のステップは，ベルギーの天文学者・数学者ケトレー（Quételet, L.A.J.）によるものであろう。彼は人間に関わる問題に統計学を応用し，1835年に『人間について』を刊行した。ケトレーは，人間に関する現象の中に法則を発見するためには，多くの数を観察して帰納的に推論すべきことを主張し，平均の重要性を唱え，犯罪数や犯罪割合に関する社会的法則などを発見した。

これとほぼ同時代に，看護婦の社会的地位を確立したフローレンス・ナイチンゲール（Nightingale, F.）は，病院の統計的データ分析を行い，入院患者の死亡率を減少させることに成功した。「クリミアの天使」として有名なナイチンゲールが，イギリスにおける統計学の基礎を築き，看護にはじめて統計学を持ち込んだことは，統計学の幅の広さを示す史実といえよう。

ここで，ケトレーの業績の具体例を紹介しておこう。

1844年にケトレーは，男性の身長分布の正規性の法則を用いて，フランスにおける徴兵のがれの数を見つけ出し，統計学に懐疑的な人々をびっくりさせた。彼は召集に応じた人々の身長の分布を，一般の集団における身長の分布と比較した。そして兵役のために必要とされる最低身長以下であることを装って，約2000人の男性が徴兵のがれをしていると算出した。また彼は，過去の傾向を調べることによって，将来のさまざまな種類の犯罪を予測する方法を提示した。

現代統計の発展

ケトレー以降の近代統計学の流れの中では，まず経済学と計

量生物学が統計学の主要な研究対象分野であった。とくに，計量生物学の先駆者の一人であるゴールトン (Galton, F.) は，相関や回帰の概念を導入し，『遺伝的天才』(1869年) や『指紋』(1882年) などを著した。現在，記述統計学とよばれている分野はゴールトンに負うところが多い。

記述統計学と推測統計学を最初に結びつけようとしたのは，ゴールトンの弟子であった K. ピアソン (Pearson, K.) である。彼はまた著名な統計学の雑誌『Biometrika』も創刊している。

第1話の図1-1「統計学の体系」において，標本から標本特性値にまとめあげる部分が"記述統計学"であり，標本特性値を用いて母集団特性値について推定や検定等の統計的推測を行う部分が"推測統計学"である。両者を結びつけることによって，初めて統計学の科学的な体系が成立するのであり，この意味で K. ピアソンは近代統計学の礎を築いたといっても過言ではない。

19世紀後半から20世紀初頭における彼らの研究成果の影響を受け，統計学はしだいに普及し，確率論を基礎として科学的になっていったが，系統的な体系を構成するまでには至っていなかった。

1908年にゴセット (Gosset, W.S.；ペンネームは"スチューデント"[Student]) は t 分布を発見したが，この論文はフィッシャー (Fisher, R.A.) を強く刺激し，多くの革新的な理論を生み出す源となった。その後，確率論の進歩とも相まって，近代統計学が確立していくのである。この間の事情については，1956年の G.M. コックス (Cox, G.M.) のアメリカ統計学会での会長就任演説にコンパクトにまとめられているので，それを引用しておこう。

第27話

「記述統計学は、データの収集・要約とその表示から成っている。相関や回帰の概念は今日でもなお重要なものではあるが、記述統計学はK.ピアソンの時代が最盛期であった。彼はパラメータ推定のためにモーメント法を提案し、当てはめた分布についてカイ2乗検定を適用した。フィッシャーはこれを改良し、最尤法によるパラメータ推定と未知パラメータを推定した場合のカイ2乗検定の自由度についての研究を行った。

推測統計学の発展は、1920～30年代におけるフィッシャーの研究に端を発している。とくに1922年の推定論に関する論文は、その後の理論統計学の基礎を築いた。フィッシャーの影響により、有意性検定の重要性も認識され、標本分布論に関する多くの研究成果が得られた。フィッシャーはまた、実験計画法の発展にも貢献した。

しかし、フィッシャーの提案した方法の多くは彼の直感に基づいており、系統的な理論体系にまでは成熟していなかった。その後ネイマン（Neyman, J.）やE.S.ピアソン（Pearson, E. S.）により、とくに仮説検定論の理論体系が構築され、多くの優れた研究成果が得られた。これらの研究はワルド（Wald, A.）へと引き継がれ、統計的決定理論へと発展した。」

コックスの演説の内容は以上のようなものであった。

なお、このような発展のなかには、主成分分析や判別分析などの多変量解析法の出現も含まれている。それ以降、1960～70年代には様々な理論的方法が考案され、医学データの解析において重要な生存時間解析法などが発展した。

1970年代になると、計算機の発展とも相まって、多変量解析法が広く適用されるようになった。我が国においても、1960～70年代から、さまざまな統計の理論と応用の研究が活発に行われ、計量経済学、計量心理学、計量生物学なども発展した。

データ解析には記述統計に基づくものと推測統計に基づくものとがあるが、標本から母集団を探るという意味では、多くの場合推測的データ解析が行われている。テューキー（Tukey, J.）は探索的データ解析（Exploratory Data Analysis；EDA）を提案し、データをさまざまな角度から眺め、データの特徴・特異性をみいだすべきであり、そのためにはデータを要約する頑健な統計量や計算機を用いた図的表現を活用すべきであると主張した。

　1980年代以降、理論的な様々な研究が活発に行われるいっぽう、コンピュータを活用する統計的方法が登場した。安価で高性能なコンピュータの出現は、多くの科学や技術に大きな影響を与えており、統計学もその例外ではない。少し前までは、対象とする統計モデルは、現実の現象をある程度まで忠実に記述してはいるが、数学的に解析可能なものに限定せざるをえなかった。しかしコンピュータの登場により、できるだけ現実に忠実な精密なモデルを構築し、シミュレーションにより解析を行うことが可能になってきた。

　このような状況のもとで出現してきた統計解析の手法には、例えばブートストラップ法（汪他　参考文献31参照）、MCMC（Markov Chain Monte Carlo）法、ノンパラメトリック平滑化法などがある。またコンピュータの発展とともに、EDA的な考え方も拡がっていくと考えられる。さらにグラフィカルモデルの展開も、統計学の新しいパラダイムとして注目されている。なお、最近の統計学・データ解析の状況については、例えば杉山・藤越他　2007, 参考文献7を参照のこと。

第28話 統計学と数学, どう違う？

統計と数学のイメージ

多くの読者にとって数学は, 小学校の算数以来なじみがあり, 「数学とは何か」という問いに対しては何らかのイメージを持っているだろう。

では「統計学とは何か」と問われた場合はどうだろうか。確かに大学では「統計学」という講義科目があるものの, 高校までにはなく, それほどなじみのある分野ではないだろう。

とはいえ, 最近では, テレビ番組の視聴率や内閣支持率の世論調査結果などがマスコミを賑わせ, また天気予報の降水確率なども定着してきている。これらが, 統計的方法に基づくものであることは知られるようになり, 統計学が世の中に浸透してきていることは事実だろう。

ただ, 「統計は数学と似ていそうだけれど, いったいどこが違うの？」と疑問に思う人も多いだろう。

一般に, 数学は, 得意な人もいるにはいるが, 大半の人にとっては苦手な学問であろう。

統計学に関しては, 「統計はわからない」とよくいわれる。その「わからない」原因の1つに, 統計の理論を理解するために必要となる, 確率や微分・積分, 行列・ベクトルなどの数学がわからない, ということがある。

しかし, 数学的素養を十分に兼ね備えている人たちからも, 「統計学はわからない」という声が聞こえてくる。この場合は, 統計で使われる数学がわからないのではなく, 統計学の考え方

第Ⅵ章　統計学の広がり

がわからないのであろう。

　後で述べるように，数学は演繹的な考え方に基づいている。いっぽう，統計学のエッセンスは，演繹的推論とは逆方向の帰納的推論に基づいている。そして，統計の分析法やその応用を考えるときには，高度な数学的知識は必ずしも必要ではなく，統計学の考え方をよく理解しておくことが重要になる。

数学の考え方

　数学においては，いくつかの基礎となる命題を前提とし，それらから興味のある命題がどのようにして導けるかを考えたり，あるいは，新たな命題の発見に挑戦することが行われている。このとき，前提とする命題は「公理」とよばれるが，これは「証明なしに用いてもよい自明と思われる」命題である。

　公理から出発して，ある命題を導く作業を証明とよんでいる。証明に用いられる推論の方法は3段論法とよばれるが，それは「AならばB，かつBならばCであるなら，AならばCが成り立つ」という論理展開の方法である。このような推論方法は演繹的推論とよばれており，図28-1のように図式化できるが，これこそが，数学の考え方のエッセンスなのである。

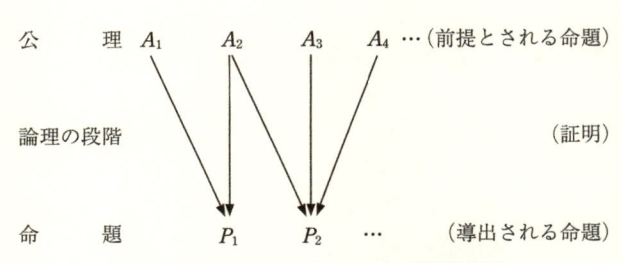

公　　理　　A_1　　A_2　　A_3　　A_4　…（前提とされる命題）

論理の段階　　　　　　　　　　　　　　　　　　　（証明）

命　　題　　　　　P_1　　　P_2　　…　（導出される命題）

図28-1　　数学的な考え方；演繹的推論

第28話

統計学の考え方

では,統計の考え方とはどのようなものなのだろうか。

その歴史については第27話で説明したが,近代統計学は19世紀後半から始まり,確率計算の発展と相まって,推測統計学へ結びつく成果が得られるようになっていた。また,経験に基づいて,不確実性のもとで予測や判断などの意思決定を行うことも,実践されていた。

それにもかかわらず,統計学が1つの学問分野として認知されるようになったのは比較的最近で,1930年頃からである。数学が,その起源とされる頃から確固たる体系のもとで発展しているのと比べ,大きな違いがある。

では,なぜ統計学の学問体系の形成は,そんなに遅れたのだろうか。その大きな理由として,統計学の考え方のエッセンスが帰納的推論であり,数学の基本をなす演繹的論理とは相容れないように思われていたことが挙げられよう。

また,統計学の対象とする現象はつねに不確実性をともなっており,百パーセント正しい結論を得るのが困難であることも1つの理由であろう。すなわち,結論に不確実性がともなうような方法論の体系を学問として認知することに抵抗があったものと思われる。

統計における帰納的推論

数学においても,帰納的推論により命題を設定する数学的帰納法とよばれる方法がある。しかし,そこでは,命題の証明は演繹的推論により行われる。

それでは統計学の場合はどうであろうか? 統計学においては,世論調査や天気予報などにみられるように,不確実なデータに基づいて,それらが得られた集団,あるいは,それらを発

第VI章　統計学の広がり

生させるメカニズムについての何らかの決定を行うことが求められるが, 帰納的推論はそのためのものであるといえる。

私たちはデータを観測するが, それはいくつかの可能な仮説または原因のうちの1つから生じたものと考えられる。しかし, どの仮説または原因に起因しているかはわからない。したがってこの場合, データと仮説とは1対1の対応関係にはない。これを図示したものが図28-2である。私たちは帰納的推論によって新しい知識を作り上げているが, データと仮説との対応が1対1でないため, それは不確実性をもった知識にならざるを得ないのである。

ここで図28-2に即して, 1つの例を考えてみよう。第20話において, エンドウ豆の種の形が丸かしわかについてのデータを取り上げた (表20-2参照)。そこでの興味は, 「丸：しわ＝3：1」という仮説, すなわちメンデルの法則が成り立つか否かであった。

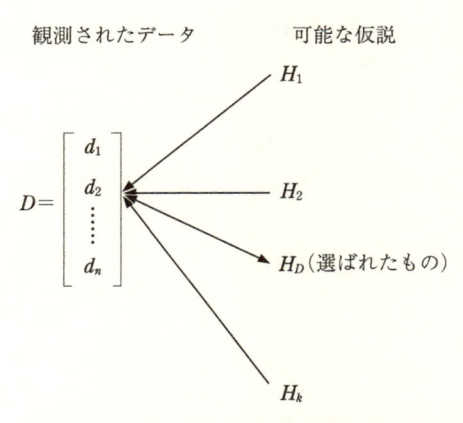

観測されたデータ　　　　　　可能な仮説

$$D = \begin{bmatrix} d_1 \\ d_2 \\ \vdots \\ d_n \end{bmatrix}$$

H_1

H_2

H_D（選ばれたもの）

H_k

図28-2　統計的な考え方；帰納的推論

考えられる仮説は，これ以外にもたくさんある。例えば「丸：しわ＝2：1」とか，「丸：しわ＝1：1」とか，「丸としわの個数はまったくランダムに決まる」とか，さまざまな仮説が考えられる。第20話では，統計的な解析を行い，その結果に基づいて，これらのうちで，「丸：しわ＝3：1」を選ばれた仮説と決定したわけである。

帰納的推論を科学的にするために

では，このような帰納的推論をより科学的なものにするためには，どのように考えればよいのだろうか。統計学では，それを次のような問題として考えたのである。

（A）与えられたデータに基づいて，仮説の1つあるいはそのいくつかを選び出す規則は作れないものだろうか。

（B）ある規則にしたがって，特定の仮説が選ばれたときの不確実性は，どの程度だろうか。

このような問題に対して新しい突破口が開けたのは，1930年頃からである。特定なものから一般化を行うという規則によって作り出された知識は，不確実なものではあるが，ひとたびその中に含まれる不確実性を数量化すれば，種類は異なるが確かな知識になるということが認められ始めたのである。

著者の一人ラオは，このような統計的知識が作り出される過程を図28-3のような論理方程式として与え，次のように述べている。

・もし不確実性のもとで決定を行わなければならないとしたら，誤りを避けることはできない。

・もし誤りが不可避ならば，決定を行う特定の規則にしたがうことにより，どの程度の割合で誤りが起こるのかを知るべきである。

第Ⅵ章　統計学の広がり

```
┌─────────┐     ┌─────────────┐     ┌─────────┐
│ 不確実な │  +  │ 不確実性の度合い │  =  │ 利用できる │
│  知識   │     │ についての知識 │     │  知識   │
└─────────┘     └─────────────┘     └─────────┘
```

図28-3　統計的知識；論理方程式

・そのような知識は，私たちを裏切ることの少ない，または誤った決定の割合を最小にする，もしくは誤りによる損失を最小にするような決定を行う規則をみいだすのに利用できる。

このことを，エンドウ豆の例で考えてみよう。このような場合，統計学では，もし興味のある仮説，例えば「丸：しわ＝3：1」が真であるとした場合には，「丸が5474個，しわが1850個観測される」ことは，どの程度の確率で起こるのかを計算するのである。

この過程で用いられるのは，演繹的な推論方法である。その確率がそんなに小さくない場合には，その仮説のもとでも，このような観測値（データ）が得られる可能性はそれほど小さくはないので，「仮説が誤りであるとは言い切れない」と考え，「（与えられたデータだけからは）仮説は真と判定できる」との決定を下す。

この場合，前述の（A）の問題については，統計的仮説検定としてこの問題を定式化し，仮説を真とした場合の期待値と観測値との差を表す量（第20話の T_1）の値を計算し，それをカイ2乗分布のパーセント点（第19話，第20話参照）と比べることにより，仮説を選択するか否かを決定するという規則を採用したのである。

また（B）の問題に対しては，その仮説が真の場合にそれを棄却してしまうという誤り，すなわち第1種の誤り（第20話の

第28話

例の場合には5％)や，逆にその仮説が真でなかった場合にそれを採択してしまう誤り，すなわち第2種の誤り，を犯す確率を与えることにより，その仮説が選ばれたときの不確実性の程度を表そうとしたのである。

以上で見てきたように，統計学の考え方のエッセンスは帰納的推論であるが，しかし，ひとたび問題を最適な決定を行う問題として定式化してしまうと，そこからは演繹的推論に基づいて確率計算や数学的な解析を行うことになる。この過程では，正に数学的論理展開が求められることになるのである。

数学によって得られる命題は「最高レベルの真実」と考えられ，数学的真理とよばれる。ここで得られる命題は，公理のみに依存しており，現実となんらかの関わりをもつ保証もなければ，その必要もないのである。

ところで，自然や社会における真理探究において，数学的真理にみられるような絶対的真理は存在するのだろうか。

学問研究の発展の歴史をみると，どうもそうではなさそうである。そこでは，経験，実験，観測などから事実が積み上げられ，人々が認める真理が形成されてきたと考えられる。

したがって，このような真理は，実験技術の進歩や視点の変化などによって変わりゆく相対的なものである。物理学におけるニュートン力学と量子力学などがその例である。こうした相対的真理は，いわば科学的知識とよばれるものである。

科学的知識には，法則的なものと現象的なものがある。統計学による技法は，法則的なものにも適用されるが，しかし，主として現象的な科学的知識の獲得に役立つと考えられる。

第29話 統計, その応用分野と未来は？

不確実性に対する戦略——統計

　実世界の問題解決をめざす統計学は, ある特定の観測データから有用な情報を抽出したり, それに基づく新しい理論を主張するための方法であり, 本書のこれまでの各話で述べてきたような広範囲の諸科学および技術（テクノロジー）と関わりをもっている。さらに, 統計学は,「人の技芸や直感が重要な役割を演ずる分野」という意味で, 音楽, 美術, 文学, 建築といった芸術とも深く関わりをもっているといえよう。

　統計学では, 科学的仮説の検証, 未知な量の推定, あるいは, 将来の出来事についての予測等が行われるが, 特定のデータの集まりには不確実な要素が含まれているため, それに基づいて導かれた結論の誤りを完全に回避することはできない。しかし, 不確実な状況下で, 結論の誤りをできる限り回避するような決定を下さねばならないとしたら, どのような戦略があるのだろうか。

　この問題を解くカギが,「不確実性の数量化」にある, と認識されたのは, 20世紀の初期であった。そして, 統計学は不確実な状況のもとでの最適な決定を研究する学問分野として位置づけられた。

　第2次世界大戦後, 政府をはじめとして, 品質管理・農業実験・新薬の開発に携わる企業, あるいは法律家, 経済学者, 大学入試担当者などから, 多くのさまざまな要求が統計家に寄せられてきた。そして, 統計学は"新しい知識への扉を開くカ

ギ"と考えられるようになったといっても過言でない。

演繹的推論のみによっては,前提の枠を超えるような新しい知識は創造できない。しかし帰納的推論によれば,観測データに基づいて新しい知識を創造できる可能性がある。著名な科学哲学者であるハッキング(Ian Hacking, トロント大学特任教授)は,次のように述べている。

「目立たない統計学者たちが,私たちの世界を変えてきたのだ。それは新しい事実の発見や技術的な発展によってではなく,私たちが推論したり,実験を行ったりして,考えを形成していく方法を変化させることによってである」

そしてハッキングは,1900年以降における20の発見(相対性理論,核分裂,電子計算機,DNA 等)の1つとして,「統計学(何が真実で,何が偶然によるものかを論ずる学問)」をあげているのである。

統計学の応用

20世紀以降において,統計学はどのような分野でどのような問題に対して成果を挙げているのだろうか。また,そこには今後,どんな課題があるのだろうか。

表29-1には,20世紀以降から現在にいたるまでの,いくつかの代表的な分野における統計学の応用研究の例がまとめてある(Van Vark & Howells 1984,参考文献18,および柳井他 2002,参考文献25など参照)。

また,2006年に創立75周年を迎えた日本統計学会は,事業委員会を設立し,ホームページ(http://www.jss.gr.jp)を通じて,「21世紀の知識創造社会を支える統計科学とその周辺」と題して,統計学が社会のあらゆる領域と深く係わりながら,どんな成果を挙げてきたのか,また,何が期待されているのかを

簡単にまとめている。

そこでは12の分野，すなわち，経営と統計的意思決定，ファイナンス・保険，総合的品質管理，マーケティング，経済分析と統計，統計調査と政府統計，医学と薬学，地球環境問題，社会科学と人文科学，理工学と統計数理，情報技術と統計，学校教育と統計リテラシー，に分けて考察が行われている。

統計リテラシーは万人にとって不可欠！

我々は日常の身近な問題において，無意識のうちに多くの統計的判断を行っている。判断を行う際には，それぞれの情報がどんな意味をもっているのかを理解しなければならないだろう。また，多くのさまざまな不確実性に直面せざるをえない現代社会では，「危険であるから近寄らない」という態度ですまされないことも多い。

ところで，学校教育においては，3つのR（読むこと[reading]，書くこと[writing]，計算[arithmetic]）が基礎学力の育成につながるといわれている。しかし，これだけでは，各個人が絶えず直面する不確実性に対処していくためには十分でない。

3つのRによって育成される基礎学力に加え，第4のRとよばれる，統計的推論[statistical reasoning]，すなわち，自分の経験や他人の経験を利用しながらリスクが最小になるような決定を下すための技術が必要となる。つまり，第4番目のRとは，不確かな状況にどのように対処すべきかについての技術といえよう。

残念なことに，不十分な前提からの帰納的タイプの推論を学校教育に導入する試みは，断片的にはなされているものの，組織的な取り組みは現在においても行われているとは言い難い。

第29話

　情報化社会では，さまざまな場面においてリスクを最小にする迅速な決断を迫られることが少なくない。このためには，"読み・書き・ソロバン（計算）"といった基礎的能力と同様に，一人一人が統計的な考え方，言い換えれば，"統計リテラシー"をもつことが不可欠ではないだろうか。

　学校教育だけではない。政府がとった施策や，科学者による発見がもたらす影響などに関する統計的情報は，やさしく偏りなく報道されるべきである。こうしたことを正しく理解し，新聞，テレビ，インターネットなどを通して適切に報道できる能力を備えた，見識のある記者などの「科学レポーター」の育成も必要となろう。もちろん，報道に携わる人たちは，統計の専門家ではない。しかし，統計的な内容をレポートする際には，統計学の基本的なことがらについては，ある程度の知識を蓄えていることが必要だろう。

　米国ハーバード大学では，モステラー教授によって，科学レポーターを対象に統計学に関する定期的なコースが開かれている。そこでは，統計的内容について，偏りなく，また分かりやすく書けるような指導をレポーターなどに行っている。同種の試みは，大学のあらゆる分野における科学論文作成者に対しても行われるべきであろう。

統計学の未来

　統計学に関する主要な批判は，分析方法が統計的モデルに基づいているという点である。

　しかし，最近の30年において，1つの変化が出てきている。ブートストラップ法，決定木・回帰木，あるいはニューラルネットワークといった新しいアルゴリズム的方法が提案されているが，これらは必ずしも統計モデルを前提とはしていない。ま

た，統計モデルがよく当てはまる場合においても，それに基づく方法と遜色ないことが示されている。

統計学は，実験，データの取得，情報の抽出，推測を必要とするすべての研究において役立つと認められるようになり，急速な発展をとげてきた。

しかし，他の学問分野とは異なり，統計学は，統計学自体からの革新的発展は考えられない。つまり，統計学の研究においては，人類が係わるさまざまな分野での新たな問題からの動機付けを必要としているのである。

したがって，統計学の未来は，他の学問分野における研究者と統計家のコミュニケーションにかかっている。

統計家の役割は，特定の問題に答えるための，決まりきった方法を適用するだけの技術的活動にとどまるべきではない。これからは，むしろ，現実の問題に係わっている専門家が，統計に関する訓練を積んだり，理論や仮説を定式化する等の知識を磨いたりする際に，統計家がその手助けをするといった専門的活動が重要になるだろう。

統計学は，これまで主として，小標本に基づく枠組みのなかで発展してきた。今日，実験に関して自動記録装置や情報源の増大により，大量なデータが利用可能になってきている。これによって，データベースの管理，蓄積や検索に関して新しい問題が提起されている。

また，技術の急速な発展により，遺伝子研究におけるマイクロアレイデータ，顔照合に関する画像データ，テロ攻撃や津波災害に対する警告システムのように，新たなタイプの実験や測定を必要とする，新しい問題が生じている。

とくに，ゲノムの分析においては，次元数が標本数に比べてきわめて大きく，いわゆる「高次元小標本問題」が提起されて

いる。さらに，食料品店，銀行などにおいては膨大なデータが蓄積され，これらのなかから有用な情報を抽出することが望まれている。

上記のような複雑で大規模なデータに対しては，新たな統計理論を発展させる必要がある。いっぽう，企業合併や地震予測，あるいは，病気の診断や病後の予測等の問題においてみられるような，非線形でダイナミックな構造をもつ現象に対処するためには，非線形因子分析，非線形回帰やパターン認識，ニューラルネットワークなどの方法がますます発展すると予想される。

また，大学入試の分野においても，項目反応理論などの非線形因子分析の手法が発展し，いつ，どこにいても受験可能なコンピュータテスト（CBT）が，現行の紙筆形式のテストにとって代わる時代がすぐそこまできている。

統計学の応用の重要な分野として，パターン認識，信号処理，データマイニングなどもある。これらは，実際には計算機科学，工学，マーケティングの分野で独自に発展している。また，ゲノム，金融工学，環境問題，ニューラルネットワークなどの分野でも，統計学の立場から取り組むべき新しい研究課題が台頭している。このように統計学は，表29-1に示した分野や，その隣接諸分野においても，新たな発展が期待されている。

表29-1に示した各分野における統計学が適用された研究課題は，20世紀で終了したわけではない。21世紀においても，それぞれの分野において，問題解決のための新たな方法を創造したり，あるいは，統計学の広がりをさらに大きなものとするなど，統計家にとって多くのわくわくする可能性が与えられている。今後，このような分野を始めとするさまざまな分野で，統計学は貢献していくであろう。

教育測定 入学試験	・テストの信頼性・妥当性の検証 ・コンピュータテスト（CBT；Computer Based Test）の開発 ・項目反応理論による適応型テストの開発 ・教科科目の枠を超えた総合試験問題の開発
心理学 社会学	・計量心理学（Psychometrics）の発展 ・知能，および性格の因子構造の研究 ・判別分析による適性検査および健康調査票の作成 ・20世紀における知能（とくに流動性知能）の上昇についての研究 ・マイクロマーケティング ・国民性などの統計調査
言語学 法律学	・作者不明作品の作者推定 ・計量法律学（Jurimetrics）の発展 ・交通事故訴訟による慰謝料の分析 ・検察官の起訴猶予の裁量に関する分析 ・父親認定裁判 ・政治学への因子分析の応用
経済学 経営学	・計量経済学（Econometrics）の発展 ・経営学への多変量解析の応用 ・時系列解析・因子分析による株式投資モデルの開発 ・金融工学の発展
生物学 医学 看護学	・臨床試験による開発された新薬の評価 ・各種疾病の計量診断 ・比例ハザードモデルによる生存時間の解析 ・EBM（Evidence Based Medicine），EBN（Evidence Based Nursing）の発展 ・寿命予測モデル・QOL（Quality of Life；生活の質）の測定 ・決定木による医療診断，ゲノムの解析，分子系統学
人類学	・判別分析を用いた人骨による種族の判定 ・形態人類学における"かたち"の分析
工学	・品質管理，機械学習，パターン認識 ・オフィスビルの"汚れ感"の評価 ・ニューラルネットワークによる自動車の揚力特性の推定 ・多変量解析諸手法の合金設計への適用 ・判別分析によるポリグラフ反応の識別
理学 環境科学 農学	・気象要因の解析（風向，風速，温暖化度） ・大規模災害（地震，津波）の予測 ・地質成分の化学的分析，実験計画法

表29-1 20世紀以降における分野別にみた統計学の応用

発展1

付章　発展的な話題

発展1　ボール投げ入れ実験，確率が簡単に計算できる！

　ここでは，第8話で説明した，いくつかの箱にボールを投げ入れる実験に関連して，同話の近似式（2）および（3）を導出する方法を説明する。

　いま，n 個の箱に m 個のボールを投げ入れる実験を考えよう。ただし，投げたボールはどの箱にも同じように入るものとし，投げ入れるボールの数 m は箱の数 n より小さいとする。このとき，m 個のボールがすべて異なる箱に入る確率 P は，次のように書ける。

$$P = \frac{n}{n} \times \frac{n-1}{n} \times \frac{n-2}{n} \times \cdots \times \frac{n-(m-1)}{n}$$

$$= \left(1 - \frac{1}{n}\right)\left(1 - \frac{2}{n}\right) \cdots \left(1 - \frac{m-1}{n}\right)$$

少なくとも1つの箱に2つ以上のボールが入る確率は

　　$Q = 1 - P$

で与えられる。

　この結果は，誕生日の問題にも応用できる。たとえば50人が参加したパーティにおいて，少なくとも1組の同一誕生日のペアが存在する確率は，上式で $m = 50$, $n = 365$ とおくことによって求められる。

　このような確率 P や Q の値を，正確に計算することはかな

り厄介である。そこで、ダイアコニスとモステラーが論文 Diaconis & Mosteller (1989, 参考文献8) で紹介している簡便な計算法を紹介しよう。

ここで m は n に比べてかなり小さく、15%程度以下の値としよう。P を与える式の両辺の e を底とした対数をとり、x が小さい場合には $\log_e(1-x) \approx -x$ となること、および、m は n よりかなり小さいことにより、$(m^2-m)/n \approx m^2/n$ となることを利用すると、次の近似が成り立つ。

$$\log P = \sum_{i=1}^{m-1} \log(1-i/n) \approx \sum_{i=1}^{m-1} (-i/n)$$

$$= (-1/n) \times (m-1) \cdot m/2 \approx -m^2/(2n)$$

したがって、少なくとも1つの箱に2つ以上のボールが入る確率 Q が50%となる「ボール数 m」と「箱の数 n」の関係式を求めるには、上の近似式において

$P = 1 - Q = 1 - 0.5 = 0.5$

とおき、その方程式を n について解けば、

$m = \sqrt{2 \cdot \log 2} \times \sqrt{n} \approx 1.2\sqrt{n}$

が得られる。

同様に $Q = 0.9$、すなわち $P = 0.1$ となる関係式は

$m = \sqrt{2 \cdot \log 10} \times \sqrt{n} \approx 2.1\sqrt{n}$

となる。

ここで、$Q = 0.5$ の場合の近似式を、パーティ参加者の誕生日の問題に適用してみよう。すなわち何人のパーティ参加者がいた場合に、その中に誕生日が同一のペアが存在する確率が50%を超えるかという問題を考えてみる。

この場合には $n = 365$ であるから、

$m \approx 1.2 \times \sqrt{365} \approx 22.9$

と計算できる。したがって23人以上のパーティでは、同一誕生

発展 1

m	P	$\widetilde{P}$	$|\widetilde{P}-P|$	$|\widetilde{P}-P|/P$
25	0.43130	0.42479	0.00651	0.015
50	0.02963	0.03256	0.00293	0.099
73	0.00044	0.00068	0.00024	0.538

表 H-1　$n=365$ のときの $\widetilde{P}$ の精度

日のペアがいる確率が50%を超えるとの結論になる。

ところで,上で用いた近似式 $\widetilde{P}=e^{-m^2/(2n)}$ は,P に対してどの程度よい近似となっているのだろうか。そこでこの近似式の精度を,$n=365$ のときに調べてみると,表 H-1 のようになる。この表には,$m=25, 50, 73$ の場合の $\widetilde{P}$ の絶対誤差 $|\widetilde{P}-P|$ と相対誤差 $|\widetilde{P}-P|/P$ を与えてある。

m の値が n の値の15%程度であっても,相対誤差は10%程度であり,実用的にはよい近似が得られていることが分かる。しかし,m の値が n の値の20%になると,この場合の相対誤差は50%以上となってしまうので,近似の精度はあまりよくない。

付章　発展的な話題

発展2　ペテルスブルクのパラドックス

ここでは，第11話で説明した期待値に関連して，発展的な話題を取り上げてみよう。それは「ペテルスブルクのパラドックス」とよばれるもので，"いくら賭け金を払っても損はしない"という一見信じられない結論が得られるゲームに関する話である。

いま，次のようなコイン投げのゲームを考えてみよう。コインは正確に作られているとし，プレーヤーは表が出るともう1回ゲームを続けることができる。裏が出るとゲームは終わる。1回目に裏が出ると，2^1円受け取る。2回目に初めて裏が出ると，2^2円受け取る。3回目に初めて裏が出ると，2^3円受け取る。以下，一般に，n回目に初めて裏が出れば2^n円受け取ってゲームは終了する。

このゲームに1回参加するとき，賭け金はいくらにしたらよいであろうか。普通，賭け金はプレーヤーが受け取る賞金の期待値以上に定められ，とくにそれが期待値に等しいときには"公平なゲーム"とよばれる。

このゲームにおいて，プレーヤーが受け取る賞金の期待値を計算してみよう。2^1円受け取る確率は$1/2=2^{-1}$，2^2円受け取る確率は$(1/2)^2=2^{-2}$，2^3円受け取る確率は$(1/2)^3=2^{-3}$，…である。したがって，このプレーヤーが受け取る賞金の期待値は

$$2^1\times 2^{-1}+2^2\times 2^{-2}+2^3\times 2^{-3}+\cdots=1+1+1+\cdots=\infty$$

となる。

つまり，プレーヤーはいくら賭け金を払っても，得られる賞金の期待値は∞なので，損はしないはずである。しかし，このゲームでは，1/2の確率で2^1円，1/4の確率で2^2円，$1/2^{10}=1/$

発展2

$1024 ≈ 0.001$ の確率で $2^{10} = 1024$ 円の賞金が得られるにすぎないのである。

実際に「千円の賭け金でこのプレーに参加するか」と言われたら,普通の人は参加しないであろう。なぜなら,この賭け金を取り戻すためには,最低でも9回続けて表を出さなければならないからである。にもかかわらず,期待値の計算からはいくら賭け金を払っても損はしないという結論が得られている。

この直感に反するような命題は,「ペテルスブルクのパラドックス」とよばれるが,ニコラス・ベルヌーイ (1695~1726) と彼の甥であるダニエル・ベルヌーイ (1700~1782) によって記述されたものである。ダニエル・ベルヌーイは,このパラドックスから抜け出すため,次のように考えた。

ゲームの公正化は期待値に基づいて考えるべきであるが,ギャンブルのような場合,期待値は金額そのものについてではなく,金額の感覚的な価値について求められるべきであると考え,賞金 x に対して感覚的な価値を $\log x$ と定めることを提唱した。すなわち,n 回目に初めて裏が出たときに実際にもらえる賞金は 2^n であるが,その感覚的な価値は $\log 2^n = n \log 2$ とすることを提唱したのである。

つまり,1000万円の価値は100万円の2倍,1億円の価値は1000万円の価値の2倍,などと同様な考え方をしようというわけである。

この場合には,賞金の感覚的な価値の期待値は

$$U = \frac{1}{2}\log 2 + \frac{1}{2^2}\log 2^2 + \frac{1}{2^3}\log 2^3 + \cdots$$

$$= (\log 2) \times \left(\frac{1}{2} + \frac{2}{2^2} + \frac{3}{2^3} + \cdots\right) = 2\log 2 = 1.386$$

と,きわめて小さな値に収束する。この計算には,

$$S = 1\times 2^{-1} + 2\times 2^{-2} + 3\times 2^{-3} + 4\times 2^{-4} + \cdots$$
の値が 2 になることを用いている。これは,上式の両辺を (1/2) 倍し,上式から引くことによって示すことができる。

期待値が有限の値であると,それと等しい賭け金を定めることができ,その場合にはゲームは公平なものとなる。これは,何度も繰り返しができるような場合に対して,繰り返し回数が大きくなると成り立つ,大数の法則(第 9 話参照)によって裏付けられるものである。

それでは,ペテルスブルクのパラドックスの場合のように,期待値が ∞ の場合にはどのように考えればよいのだろうか。この場合には,プレーを n 回繰り返したときプレーヤーが受け取る賞金 S_n と関連をもつ,n に依存する有限な量を導入すると,それについての大数の法則が知られている。その詳細については,Feller(1957,参考文献19)を参照のこと。

パラドックスを回避する別な考え方として,1 回のゲームにおけるコイン投げの平均的な回数を求め,その回数に対する賞金をプレーヤーの賞金の期待値にするという方法がある。この意味でのプレーヤーの賞金の期待値を求めるため,1 回のゲームにおけるコインを投げる回数の期待値を求めてみよう。k 回投げる確率は 2^{-k} であるので,考えている期待値は

$$1\times 2^{-1} + 2\times 2^{-2} + 3\times 2^{-3} + 4\times 2^{-4} + \cdots$$

と表され,その値は先に見たように 2 となる。

したがって,このゲームにおいてコインを投げる回数は平均的には 2 回である。2 回投げたときの賞金は $2^2 = 4$ 円であるので,この金額をプレーヤーが受け取る賞金の期待値にするという考え方もある。

発展3

発展3　男の集まり，姉妹より兄弟のほうが多い!?

　ここでは，第11話で説明した2項分布に関連する，発展的な話題を取り上げてみよう。2項分布は多くの確率現象に適用される基本的な確率分布であるが，ここでは2項分布にある種の重みを付けた重み付き2項分布とよばれる確率分布を考えることによって，適用範囲がさらに広がることを示そう。

男子学生の兄弟数はどんな分布をしているか

　あるクラスにおける，すべての男子学生の，自分自身を含めた兄弟数の合計をB，姉妹数の合計をSとしよう。このとき，「兄弟の比率$B/(B+S)$はいくつですか？」との質問を行ったとすれば，それはどんな値になるだろうか。

　もちろん，男子学生一人一人の兄弟および姉妹の数を調べれば分かることである。ここでの問いかけは，そのような全員の調査をしないで予測する方法を尋ねているのである。各男子学生について，自分自身を含めた兄弟と姉妹の集まりをその男子学生の家族とよび，その家族の総数を家族サイズとよぶことにする。

　サイズがnである家族の兄弟の数をRとする。ここで注意すべきことは，考えられている家族は，男子学生の家族であって，その家族には必ず1人の兄弟が含まれているということである。したがってRのとり得る値は1, 2, …, nである。Rの分布に関して，Rが$r(r=1, 2, …, n)$となる確率は，〝自分自身を除いた$n-1$人の中に$r-1$人兄弟がいる〟確率と等しく，さらに，この確率は男女がランダムに生まれると仮定して得られる確率1/2の2項分布によって計算できると仮定し

よう。

このとき,
$$P[R=r]=\frac{(n-1)!}{(r-1)!(n-r)!}\frac{1}{2^{n-1}} \quad (r=1, 2, \cdots, n)$$

となる。この分布は「重み付き2項分布」とよばれ, $WB(n, 1/2)$ と表される。その由来は, 上記の確率が, 分母と分子に nr を掛けることによって

$$\frac{r \cdot n!}{n \cdot r!(n-r)!}\frac{1}{2^{n-1}}=\left(\frac{2r}{n}\right)\times {}_nC_r\left(\frac{1}{2}\right)^r\left(\frac{1}{2}\right)^{n-r}$$

と変形されて, 2項分布 $B(n, 1/2)$ において $R=r$ となる確率を $(2r)/n$ 倍したものに等しくなっていることによる。重み付き2項分布 $WB(n, 1/2)$ の期待値は $(n+1)/2$ である。

兄弟の比率を予測する

あるクラスの男子学生の総数を k 人として, 各男子学生の自分自身を含めた兄弟数と家族サイズを組にして (R_1, n_1), $\cdots$, (R_k, n_k) とする。このとき,
$B=R_1+\cdots+R_k$
である。また, 兄弟数 B と姉妹数 S の合計を T とすると
$T=n_1+\cdots+n_k, \ S=T-B$
である。

ここで, 家族サイズ $n_1, \cdots, n_k$ が与えられたとき, 兄弟の数 $R_1, \cdots, R_k$ はそれぞれ重み付き2項分布 $WB(n_1, 1/2)$, $\cdots$, $WB(n_k, 1/2)$ にしたがっていて, それらの期待値は
$(n_1+1)/2, \cdots, (n_k+1)/2$
である。したがって, $T=t$ のときの $B/(B+S)$ の期待値は
$\{(n_1+1)/2+\cdots+(n_k+1)/2\}/t$
$=1/2+k/(2t)=1/2+1/(2f)$

発展3

平均家族サイズ (f)	1	2	3	4	5	6
$B/(B+S)$ の期待値	1	0.75	0.67	0.625	0.6	0.58

表H-2 平均家族サイズと $B/(B+S)$ の期待値

となる。ここでfは，

$$f=(B+S)/k$$

で定義され，平均家族サイズを表している。この結果から，$B/(B+S)$の期待値は平均家族サイズfの値に応じて，表H-2のように求められる。

この結果によれば，多くの場合について，次のような予測を行うことができそうである。

（1）平均家族サイズが3以上6以下の場合：

$B/(B+S)$の値はほぼ0.6～0.67である。

（2）平均家族サイズが2の場合：

$B/(B+S)$の値はほぼ0.75である。

著者の1人ラオは，世界の各地で学生や研究者に講義をしながら，聴衆の家族の兄弟と姉妹の人数について資料収集を行っている。それらのデータのうち，回答者が男子学生の場合の結果の一部が表H-3に与えられている。この表からも，先の予測はほとんどの場合，成立していることが分かる。

一般に確率変数 X のとり得る値が非負のとき，重みを考えた分布が導入できる。とくに，ここで考えた重み付き2項分布のように，$X=x$となる確率にxの定数倍の重みをかけた確率分布は「サイズバイアス分布」とよばれる。サイズバイアス分布の応用については，藤越・柳井・田栗（1993，参考文献21）

場所 (国, 年)	k	B	S	f	$B/(B+S)$
デリー(インド, 75)	29	92	66	5.45	0.58
テヘラン(イラン, 75)	21	65	40	5.00	0.62
東京(日本, 75)	50	90	34	2.48	0.73
リマ(ペルー, 75)	38	132	87	5.76	0.60
上海(中国, 82)	74	193	132	4.39	0.59
ステイトカレッジ(アメリカ, 76)	63	152	90	3.84	0.63
計	275	724	449	4.27	

表H-3 回答者(男子学生)についてのデータ

を参照のこと。

発展4

発展4 直線モデルか,それとも曲線モデルか?

ここでは,第23話で説明した回帰分析に関連して,多少発展的な話題を取り上げてみよう。それはいくつかの回帰モデルが想定できる場合,どれが最適なモデルであるかを判定する規準に関するものである。この規準は,回帰分析の場合だけでなく,統計のあらゆる分野における最適モデルの選択にも適用できる,きわめて重要なものである。

統計モデル

これまで,データに対して確率モデルを想定して,推定や検定の方法を見てきた。しかし,データを最も適切に表現する真の確率分布は未知である。したがって,実際には,真の確率分布の近似である,いわゆる統計モデルを考えていたのである。

このように考えると,データに対していくつかの統計モデルを想定することができ,それらのうちどの統計モデルがよいモデルであるかという問題が生じる。これを,次の例で考えてみよう。

下の表には,xの値とともに変化する11個のyの観測値(分散は一定)が示されている。

xの値	1.50	2.00	2.50	3.00	3.50	4.00	4.50	5.00	5.50	6.00	6.50
yの値	4.83	8.55	8.04	7.75	6.17	8.86	8.09	7.13	8.68	7.02	3.02

表H-4 xの値に対応するyの観測値

これらの観測値を順に (x_1, y_1), (x_2, y_2), …, (x_{11}, y_{11}) と表すことにする。このデータに対して、直線や2次曲線などを当てはめた、次のようなモデルが考えられる。

直線を当てはめたモデルは、y_i が平均 $a_0+a_1x_i$、分散が σ^2 の正規分布にしたがって互いに独立に分布しているというモデルで、これを M_1 と表す。ここで、a_0, a_1, σ^2 は未知パラメータである。モデル M_1 において、y_i の平均を2次曲線
$$a_0+a_1x_i+a_2x_i^2$$
としたモデルを M_2 とする。同様に、3次曲線
$$a_0+a_1x_i+a_2x_i^2+a_3x_i^3$$
としたモデルを M_3 とする。

このデータに対して、これら3つのモデルのうちどのモデルが最適であろうか。

よいモデルとは

最適なモデルを選ぶには、よいモデルとは何かを明らかにしておく必要があるが、この問題はそう簡単ではない。モデルのよさは、分析の目的にも関係している。一般に統計では、モデルを用いて、y と x の関係を理解したり、x から y を予測したり、最適な y が得られるように x を制御すること、などを目的にしている。

モデルのよさの重要な側面として、当てはまりがよいことが挙げられる。モデル M_1 では直線を当てはめるが、その直線は次のように求められる。すなわち、各 x_i において観測値と直線上の値との差の2乗を考え、それをすべての i について加えた残差平方和
$$(y_1-a_0-a_1x_1)^2+(y_2-a_0-a_1x_2)^2+\cdots+(y_{11}-a_0-a_1x_{11})^2$$
を最小にするような a_0, a_1 の値 $\hat{a}_{10}, \hat{a}_{11}$ を求める。このとき、

発展4

最適な直線は
$$y = \hat{a}_{10} + \hat{a}_{11} x$$
として与えられる。

当てはまりの程度は，そのときの残差平方和の値 $\hat{s}_1^2$ で測られる。下の図には，データの散布図と，各モデルのもとで当てはめられた直線あるいは曲線が描かれている。いま，直線，2次曲線，3次曲線を当てはめたモデルのもとでの残差平方和の値を，それぞれ $\hat{s}_1^2, \hat{s}_2^2, \hat{s}_3^2$ とすると，それらは次のようになる。

$$\hat{s}_1^2 = 30.90 > \hat{s}_2^2 = 16.69 > \hat{s}_3^2 = 14.63$$

これより，モデル M_3, M_2, M_1 の順に当てはまりがよいことになる。さらに，4次，5次と多項式の次数を増加させた曲線を用いると，当てはまり度はさらによくなる。

いっぽう，モデルのよさを測る別な尺度として，モデルの複雑度がある。モデルが単純であればあるほど，解釈も簡単で，また，予測に際して安定していると考えられる。そこで，モデ

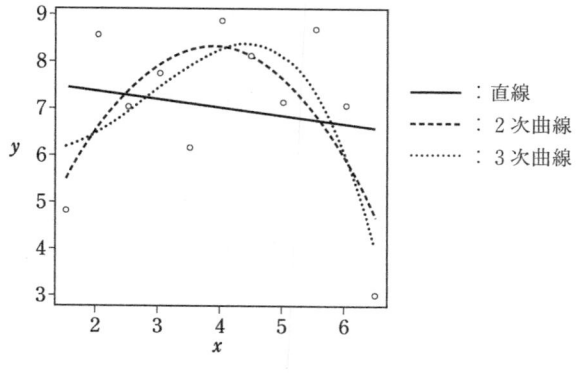

図H-1 散布図と当てはめ

ルの複雑さを測る簡単な尺度として，モデルに含まれる未知パラメータの数を用いる．モデル M_k の複雑度を d_k とすると

$$d_1 = 3 < d_2 = 4 < d_3 = 5$$

となる．

しかし，上で与えた2つの規準をよりどころにして，よいモデルを特定することを考えると，当てはまりをよくしようとすると複雑なモデルになり，また，簡単なモデルであると当てはまりが悪くなる，というジレンマに陥ってしまう．

モデル選択規準

1970年代に入り，モデルを選ぶ方法に対して新たな突破口が開かれた．それは，予測の意味でのよさを具体化することであった．すなわち，観測された x の値だけでなく，これらに近い値に対してもうまく適合しているモデルが重要であって，それをいかに測るかという問題が解決されたのであった．

具体的には，予測2乗誤差，あるいは $-2\log$(予測密度) を考え，それらの推定量を構成することによって，モデル選択規準が提案されたのである．「予測密度」とは，観測された x 以外の値に対する y の確率密度関数である．

赤池は AIC (Akaike Information Criterion) 規準を提案したが (Akaike 1974, 参考文献1)，それはモデル M_k に対する AIC を

$$AIC_k = n\log(\hat{s}_k^2/n) + n\{\log(2\pi) + 1\} + 2d_k$$

として与えたものである．ここで n は標本数で，前出の例の場合には $n=11$ である．そして，各モデルに対して AIC の値を求め，その値が最小になるモデルを最良のモデルと考える．

この例の場合，各モデルに対して AIC の値を求めると

$$AIC_1 = 48.58, \quad AIC_2 = 43.80, \quad AIC_3 = 44.35$$

発展4

となり，モデル M_2 が最適なモデルとなる。したがって，AIC 規準によれば，モデル M_2 が最適モデルとして選ばれることになる。

ところで，表H-4のデータは，y の平均が $4x-x^2/2$ になるように生成されたものであり，したがって真のモデルは2次曲線モデルであった。この場合，AIC 規準によれば，まさにこのモデルが選択されており，AIC の有効性が示唆されたことになる。

最後に，データに対して適切な統計モデルを選ぶことは，さまざまな応用分野において重要であり，そのために AIC が広く利用されていることを注意しておきたい。より詳しい説明については，小西・北川（2004，参考文献4）などを参照のこと。

参考文献

[1] Akaike, H. : Information theory and an extension of the maximum likelihood principle, International Symposium on Information Theory (Ed., Petrov, B. N. & Csaki, F.), Akademia Kiado (Budapest), 267-281 (1974).

[2] 金融広報中央委員会ホームページ：家計の金融資産に関する世論調査, http://www.shiruporuto.jp/finance/chosa/yoron/index.html (2006).

[3] 国立教育政策研究所教育課程研究センター編：平成13年度小中学校教育課程実施状況調査報告書—小学校社会 (2002).

[4] 小西貞則・北川源四郎：情報量規準, 朝倉書店 (2004).

[5] 塩谷實：多変量解析概論, 朝倉書店 (1990).

[6] Simpson, E. H. : The interpretation of interaction in contingency tables, Journal of Royal Statistical Society, Ser.B, **13**, 238-241 (1951).

[7] 杉山髙一・藤越康祝他編：統計データ科学事典, 朝倉書店 (2007).

[8] Diaconis, P. & Mosteller, F. : Methods for studying coincidences, Journal of American Statistical Association, **84**, 853-880 (1989).

[9] 大学入試センター編：共通第1次学力試験5教科間相関係数, 大学入試フォーラム, 第2号, 115 (1983).

[10] 大学入試センター研究開発部：平成15－17年度共同研究報告書「総合試験問題の分析的研究」(2006).

[11] 田栗正章：統計学とその応用, 放送大学教育振興会 (2005).

[12] 舘野義男・山崎由紀子 訳：分子の進化, 廣川書店 (1994).

[13] 田中豊・脇本和昌：多変量統計解析法, 現代数学社 (1983).

[14] 豊田秀樹：項目反応理論 入門編, 朝倉書店 (2002).

[15] 豊田秀樹編著：共分散構造分析 [Amos編]—構造方程式モデリング—, 東京図書 (2007).

[16] 長谷川正美・岸野洋久：分子系統学, 岩波書店 (1996).
[17] 広津千尋：医学・薬学データの統計解析, 東京大学出版会 (2004).
[18] Van Vark, G. N. & Howells, W. W.: Multivariate Statistical Methods in Physical Anthropology, Reidel (1984).
[19] Feller, W.: An Introduction to Probability Theory and Its Applications, Vol.1, John Wiley & Sons, Inc. (1957).
[20] Fisher, R. A.: The use of multiple measurements in taxonomic problems, Annals of Eugenics, **7**, 238-249 (1936).
[21] 藤越康祝・柳井晴夫・田栗正章 訳 (Rao, C.R. 著)：統計学とは何か, 丸善 (1993).
[22] 増山元三郎編：サリドマイド, 東京大学出版会 (1971).
[23] 村上正康・蔵野正美・安田正実・田栗正章・中神潤一訳 (Mosteller, F., Kruskal, W. H. 他著)：やさしい例による統計入門 上, 下, 培風館 (1979).
[24] 柳井晴夫・岩坪秀一：複雑さに挑む科学—多変量解析入門, 講談社ブルーバックス (1976).
[25] 柳井晴夫・岡太彬訓・繁桝算男・高木廣文・岩崎学編著：多変量解析実例ハンドブック, 朝倉書店 (2002).
[26] 柳井晴夫・繁桝算男・前川眞一・市川雅教：因子分析—その理論と方法, 朝倉書店 (1990).
[27] 柳井晴夫・高木廣文編著：多変量解析ハンドブック, 現代数学社 (1986).
[28] 柳井晴夫・高木廣文編著：看護学全書基礎科目「統計学」, メヂカルフレンド社 (1995).
[29] 柳井晴夫・道場信孝・佐伯圭一郎・高木廣文・西山悦子・日野原重明：生活習慣とエイジング, 研究業績年報—2004, ライフプランニングセンター, 98-115 (2005).
[30] 吉村功：統計学の誤用II, 科学, **41-9**, 492-506 (1971).
[31] 汪金芳・田栗正章・手塚集・樺島祥介・上田修功：計算統計 I —確率計算の新しい手法, 岩波書店 (2003).

さくいん

〈あ行〉

一様乱数	84
因子	218
因子負荷量	219
因子分析	219
因子分析の斜交解	221
因子分析の直交解	220
上側検定	163
上側四分位数	34, 49
後向き調査	189
AIC（Akaike Information Criterion）	279
MCMC法	251
演繹的推論	253
塩基置換	237
重み付き合計点	213
重み付き最小2乗法	201
重み付き2項分布	273

〈か行〉

回帰係数	200, 203
回帰現象	199
回帰直線	198
階級	30
回顧的（レトロスペクティブ）調査	189
カイ2乗検定	250
カイ2乗統計量	179
確率	74
確率事象	74
確率変数の標準化	115, 131
確率変数	98
学力調査	20
片側検定	163
幹葉図	47
棄却	159
棄却域	160
棄却点	160
記述統計学	249
擬似乱数	84
期待値	101, 269
帰納的推論	254
帰無仮説	159
兄弟の比率	272
共通因子	219
共通第1次学力試験	43
共分散	56
寄与率	216
区間推定	15, 148
クラスター分析	243
グラント	247
系統樹	239
血圧と年齢	205
ケトレー	248
検出力（パワー）	165
検定統計量	160
交差検証（クロスバリデーション）法	234
構造方程式モデル	225
公平なゲーム	269
項目反応理論	225, 264
コーシー分布	150
ゴールトン	249

ゴセット	249

〈さ行〉

最小2乗法	198
サイズバイアス分布	274
採択	159
最適なモデル	277
最頻値	32
最尤推定値	143
最尤法	141
残差平方和	277
散布図	54
サンプリング	17
事後確率	93
事象	74,92
事前確率	93
下側検定	163
下側四分位数	34
視聴率	12
四分位数	33
四分位範囲	34
シミュレーション	85
重回帰分析	202
重相関係数	205
自由度	150
主成分得点	214
主成分分析	213
樹形図(デンドログラム)	242
条件付き確率	92
条件付き標準偏差	196
条件付き平均値	196
シンプソンのパラドックス	68
新薬の有効性	168
信頼区間	149
信頼度	149

水銀汚染データ	189
推測統計学	249
正規性の法則	248
正規分布	112,128
切断データ	70
説明変数	202
1900年以降における20の発見	260
線形判別関数	231
先祖がえりの現象	199,211
相関係数	55
相関係数行列	64,214
相関図	54
総合試験	112
相反事象	74

〈た行〉

第1種の誤り	164
大数の法則	87
対数尤度関数	145
第2種の誤り	164
対立仮説	159
多重比較法	174
多重分割表	189
多変量解析	194,250
探索的データ解析(EDA)	251
誕生日の問題	76,266
中央値	31,48
中心極限定理	128
DNA配列	236
t検定	170
t分布	150
t分布表	151
データの標準化	51
適合度検定	178
出口調査	151

さくいん

テューキー	251
点相関係数	64
統計的推論	261
統計モデル	276
統計リテラシー	262
透視能力	156
等出現性	82
独立性の検定	188
度数分布	30, 47

〈な行〉

ナイチンゲール	248
2×2分割表	187
2項分布	99, 107, 272
2項分布の正規分布近似	121
2次元的はずれ値	72
2次の捏造	182
ネイマン	250

〈は行〉

パーセント点	34
排反事象	74
箱ひげ図	34
パスカルの三角形	99
はずれ値	35, 71
バリマックス回転	219
範囲	38
判別問題	228
標準正規分布	115
標準正規分布表	117, 131
標準得点	51, 120
標準偏差	40
標本	17
標本数	155
標本抽出	17
標本特性値	18
非劣性検定	172
ピアソン, E.S.	250
ピアソン, K.	85, 249
ピアソンの(積率)相関係数	56
p値	165
フィッシャー	249
ブートストラップ法	251
不確実性	254
不確実性の数量化	259
復元抽出	142
2つのベクトルの内積	57
プロマックス回転	221
分散	40
分布関数	117
分布の裾	150
分離直線	229
平均値	32
平均への回帰	199, 211
平均偏差	40
ベイズの公式	94
ベクトルの長さ	57
ペティ	247
ペテルスブルクのパラドックス	269
偏差値	50, 119
変動係数	45
ポアソン分布	107
ボール投げ入れ実験	266
捕獲-再捕獲法	139
母集団	17
母集団特性値	17

〈ま行〉

待ち行列	87
マハラノビスの距離	72, 232

マンテル・ヘンツェル検定	192	余事象	74
脈圧	207	予測値	205
無規則性	82	乱数	82
メタ分析	192	乱数表	83
メンデルの実験データ	176	ランダム回答法	134
目的変数	202	ランダムクリニカルトライアル（RCT）	189
モデル選択規準	279		
モデルの複雑さ	278	離散型確率分布	100, 126
モデルのよさ	277	離散型確率変数	100
モンテカルロ法	84	両側検定	163

〈や・ら・わ行〉

		臨床試験	168
有意水準	161	レンジ	38
尤度（関数）	143	連続型確率変数	112
良い検定	165	ワルド	250

N.D.C.417　　286p　　18cm

ブルーバックス　B-1557

やさしい統計入門（とうけいにゅうもん）
視聴率調査から多変量解析まで

2007年 6月20日　　第 1 刷発行
2025年 6月17日　　第14刷発行

著者	田栗正章（たぐりまさあき）　藤越康祝（ふじこしやすのり） 柳井晴夫（やないはるお）　C・R・ラオ（シー・アール・ラオ）
発行者	篠木和久
発行所	株式会社講談社 〒112-8001　東京都文京区音羽2-12-21
電話	出版　03-5395-3524 販売　03-5395-5817 業務　03-5395-3615
印刷所	(本文表紙印刷) 株式会社KPSプロダクツ (カバー印刷) 信毎書籍印刷株式会社
製本所	株式会社KPSプロダクツ

定価はカバーに表示してあります。
©田栗正章、藤越康祝、柳井晴夫、C・R・ラオ　2007, Printed in Japan
落丁本・乱丁本は購入書店名を明記のうえ、小社業務宛にお送りください。
送料小社負担にてお取替えします。なお、この本についてのお問い合わせは、ブルーバックス宛にお願いいたします。
本書のコピー、スキャン、デジタル化等の無断複製は著作権法上での例外を除き禁じられています。本書を代行業者等の第三者に依頼してスキャンやデジタル化することはたとえ個人や家庭内の利用でも著作権法違反です。

ISBN978-4-06-257557-7

発刊のことば

科学をあなたのポケットに

二十世紀最大の特色は、それが科学時代であるということです。科学は日に日に進歩を続け、止まるところを知りません。ひと昔前の夢物語もどんどん現実化しており、今やわれわれの生活のすべてが、科学によってゆり動かされているといっても過言ではないでしょう。

そのような背景を考えれば、学者や学生はもちろん、産業人も、セールスマンも、ジャーナリストも、家庭の主婦も、みんなが科学を知らなければ、時代の流れに逆らうことになるでしょう。

ブルーバックス発刊の意義と必然性はそこにあります。このシリーズは、読む人に科学的に物を考える習慣と、科学的に物を見る目を養っていただくことを最大の目標にしています。そのためには、単に原理や法則の解説に終始するのではなくて、政治や経済など、社会科学や人文科学にも関連させて、広い視野から問題を追究していきます。科学はむずかしいという先入観を改める表現と構成、それも類書にないブルーバックスの特色であると信じます。

一九六三年九月

野間省一